21世纪应用型本科系列教材

照明语言与技法

ZHAOMINGYUYANYUJIFA

雷兆云　著

中国传媒大学出版社
·北京·

图书在版编目(CIP)数据

照明语言与技法/雷兆云著 .--北京:中国传媒大学出版社,2009.3(2021.8重印)
(中国传媒大学南广学院系列教材)
ISBN 978-7-81127-380-9

Ⅰ.照… Ⅱ.雷… Ⅲ.照明—高等学校—教材 Ⅳ.TU113.6

中国版本图书馆CIP数据核字(2009)第011493号

照明语言与技法
ZHAOMING YUYAN YU JIFA

著　　者	雷兆云
责任编辑	欧丽娜　罗　刚
封面设计	王洪亮
封面制作	九点设计
责任印制	李志鹏
出版发行	中国传媒大学出版社
社　　址	北京市朝阳区定福庄东街1号　　邮　　编　100024
电　　话	86-10-65450528　65450532　　传　　真　65779405
网　　址	http://cucp.cuc.edu.cn
经　　销	全国新华书店
印　　刷	艺堂印刷(天津)有限公司
开　　本	730mm×988mm　1/16
印　　张	黑白16.75　　彩色0.375
字　　数	243千字
版　　次	2009年12月第1版
印　　次	2021年8月第9次印刷
书　　号	ISBN 978-7-81127-380-9/TU·380　　定　价　39.80元(赠送光盘一张)

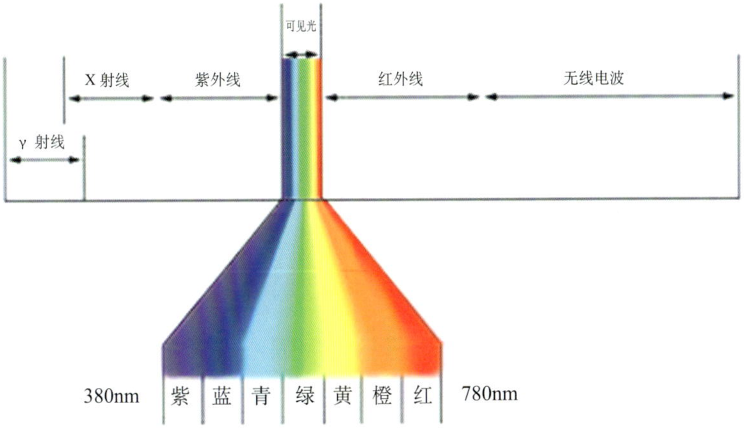

图 1 电磁辐射范围及可见光光谱波长（nm）

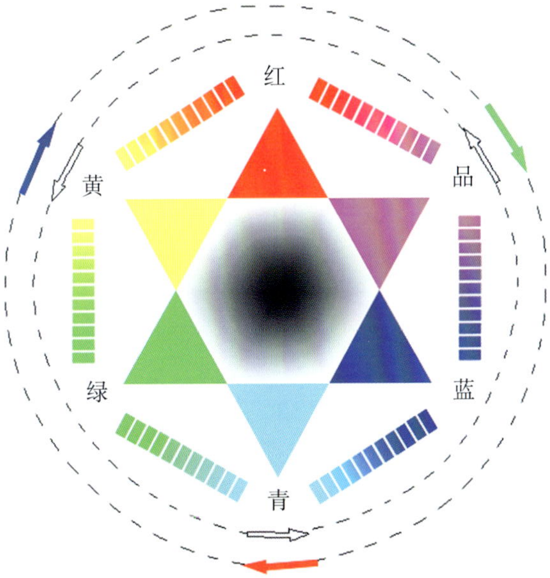

图 2 补色与染料三基色方向对位图

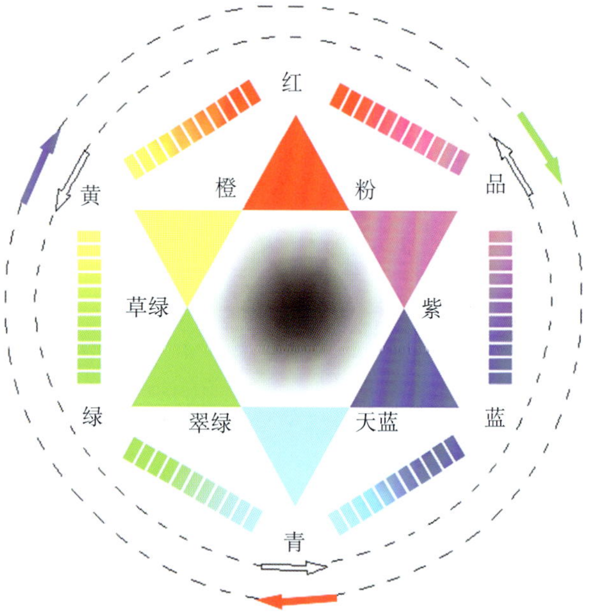

图 3 六角色标光谱图

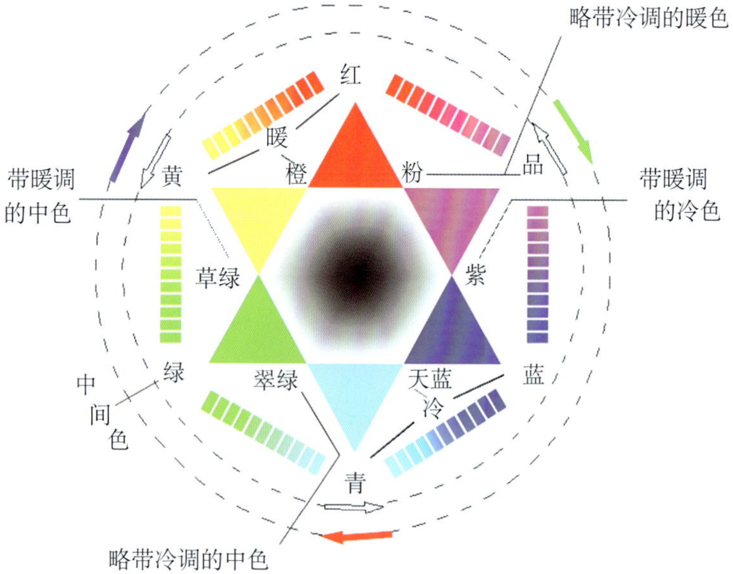

图 4 六角色标光谱图之色彩冷暖关系

图 3 六角色标光谱图，参照北京星光集团《白色平衡色谱》中的“色彩的互补关系图”。

总序

任何教材都是关于知识的认识和理解。不同的认识会有不同的知识体现,不同的理解也会有不同的知识追求。我们尝试编纂应用型本科系列教材,概括起来主要基于这样几点考虑和探索:

教材是一幅知识的蓝图,它标明知识的走向、知识的关系和知识的系统。然而,我们所强调的则是对知识走向的创新,知识关系的重构和知识系统的再建。

教材不该是对知识的按图索骥,而应该是对知识变化过程的引领。没有变化的知识不是真知识,不能运用的知识不是活知识。知识的生命在于知识的重组、知识的再生和知识的生产。知识是一个过程,了解和获得知识的真正目的,是掌握和运用知识。

教材要交给学生学什么,还要告诉学生什么如何学,更要指导学生什么如何应用。这里的应用不是指如何操作,而是指对基础知识和专业知识的巧妙融合和灵活处理。应用不是指做什么,而是指利用什么做什么。利用得好坏就是应用的方法。传授知识的方法是形式也是内容,根据对象选择内容,更应根据对象设定方法。

教育是一个永远值得探索的过程,因为知识永远都在变化。掌握知识变化的规律永远都需要探索——探索本身就是一种创建,一种辉煌。

一套教材的总序,就是一套教材的总的开头。开头的目的其实不在开头本身,开头的目的在于让人们急着往后看,看内容、看思路、看方法。所以,总序的文字就应该少到极致,而思考的空间却应该大到无穷……

丁海宴

2008年8月6日于南京方山

前 言

《照明语言与技法》这部奉献给广大读者的著作,既是我多年从事照明艺术工作实践的结晶,又是我在高科技时代对照明艺术教学、研究的升华。为了适应不同层次、不同行业读者的需要,本书在照明基础知识、照明心理与照明语言、演播室灯光工程设计、综艺晚会灯光设计与指挥、电视剧灯光设计与场景一次性布光等方面,结合本人实践中的感悟,深入浅出、全面系统地阐述了照明语言的实用原理和应用技法。

改革开放以来,我国至今仍未系统地建立起符合我国国情、具有中国特色的照明艺术理论体系、演播室灯光工程建设体系、演播室灯光工程竣工验收体系和演播室灯光工程监理体系。这是一项十分艰苦且迫在眉睫的工作。照明理论和实践的滞后直接影响了我国影视艺术的发展,甚至造成了影视制作机构的巨大损失和国家能源的浪费,严重制约了中国大力发展文化产业的步伐。

作为一位从事照明工作多年的老同志,笔者理应责无旁贷来完成这项工作,著成书稿,抛砖引玉,呼吁同行,告诫读者,激励学子,共同携手把照明艺术发扬光大,早日建成独具特色的照明语言与技法理论体系。

全书共分十二章。本书强调如何用视觉心理学的悟性去联想、去观察照明光线对大千世界照射后所呈现出的千姿百态与光影变化,分析研究照明的功利作用以及照明工作的复杂性和多重性。照明语言是一门融艺术、技术为一体的特殊专业学科,既需要深奥的理论知识作为基础,又需要高超的设计能力与实践布光技法。本书通过简洁、诙谐的语言,深入浅出、削繁为简地系统阐述了照明语言与技法的各种知识。

本书注重理论联系实际。照明师要用丰富的理论知识去亲临现场进行实际操控。只有理论讲得出，实干拿得起，才称得上是一名合格的照明艺术人才。

书中重笔阐述培养电视台所需要的“T”型人才，即具有综合艺术素质的照明艺术人才，既要懂艺术又要懂技术，既有理论又有实践。本书内容完备、强调实用，力图把理论与实践二者结合起来，使读者阅读后能对照明语言与技法有一个清晰的认识、掌握。

本书适合从事影视艺术行业及各类视觉艺术专业的教师、学生、设计制作人员和广大照明艺术爱好者阅读。

照明艺术设计在我国尚属一个新兴的特殊行业。随着现代科学技术水平的不断提高，照明艺术一定会得到飞速发展。当然，在写作过程中有些课题一定会由于成书匆忙或自己缺乏研究而没有涉及，有些观点乃一家之言，这些都是在所难免的，敬请同行、专家和读者们本着共同学习与发展照明艺术的良好愿望，不吝指正，共同切磋。

本书初衷，旨在传授知识，弘扬照明艺术，发现妙处，形成共识，这也是科学发展的普遍规律和必由之路。从这个观点出发，真诚地希望广大读者在参阅本书的时候，予以检验，提出善意的指正，本人将不胜感激。日后有机会修订再版，一定广泛采纳各位有识之士的意见和建议。

本书试图通过研究照明艺术的理论与实践，立足本土文化资源，丰富传媒教育的学术宝库，促进影视文化产业的繁荣。

最后，衷心感谢对此书给予大力支持和热心帮助的各位领导和朋友：中国传媒大学名誉校长、南广学院院长刘继南先生，中国传媒大学博士生导师、南广学院副院长丁海宴教授，中国传媒大学出版社总编辑闵惠泉教授，中国传媒大学南广学院教务部部长金梦玉教授，人事处处长宋岩女士，摄影系主任董瑞峰先生，江苏省摄影行业协会李久山会长，中国传媒大学出版社编辑欧丽娜、罗刚，杭州师范大学付常阳老师，浙江省文化实业发展中心雷雷先生、李博、雷佳、殷乐希、宋灏、吕金焱、夏旖君、文智丰等。

特别感谢任婧宏、吴娜、吕修恒、贝亚萍为本书奉献人像照片。

作　者

2009 年 4 月 18 日

引 言

语言是理解的普遍媒介,是一切解释的结构因素。语言揭示了事物并让事物本身通过语言来表现自己。人类用语言交流情感与信息,用表情和形体动作来表达潜意识语言。有时,无声语言比有声语言更有深度、更富有联想。照明语言在电视画面中,正是起到“此处无声胜有声”的潜意识语言作用。有位著名导演曾说过这样一句话:“我首先是考虑照明师对剧情的理解而不是摄像师。”全国第二届美术研讨会上行家们公认的定论是:“景是本,光是灵。”这个“灵”就是照明语言。

照明是用光线写的书法;照明是用明暗影调描绘的山水画;照明是用色光、色调绘制的油画。一条光柱、一个光影、一束色光蕴藏着深厚的语言内涵,多条光束的组合改变了画面构图的意境,人们仿佛看到了一幅幅刚劲有力的书法展示在影视画面中,随着光线静与动的跳动,字字映入观众的眼帘,强烈的“语言文字”吸引着人们的眼球。明暗对比的光影,三度布光法的阶梯影调,冲破了两度平面空间的局限,从而使三度空间的现实真实地被反映到电视画面中。如果说绘画是在两度空间内塑造三度空间,那么,照明艺术则是在三度空间里创作,在两度空间里重新显示三度空间的面貌,照明是三二三的两次转变绘制的山水画。一幅幅鲜艳夺目的酷似油画的色调、基调的影视画面,就是照明语言的激情呐喊!不同色调会使人们产生不同的心理感受，因为色彩和人们的情绪是不可分割地联系在一起的。色彩联想变化无穷，影调与色调就是无声的语言。所以说照明语言，它有自己的单词、语汇、造句措词、语形变化、规律和文法。

法国早期电影理论家、电影导演让·爱浦斯坦认为："电影是一项世界性语言"。我认为"照明更是世界性语言"。因为，我们拥有同一个地球，面对的是同一个太阳、同一个月亮，只是时差不一样，风俗习惯不一样而已。但人类感受大自然的客观规律是一样的；对光的感悟，对色彩联想的情绪变化也是共同的。

照明语言的延伸实际上是人类视觉思维的延伸，是社会文明的提升，更是人类对照明艺术欣赏价值的延伸。

画面语言要经历三种境界：一、具象阶段。二、线条阶段。这两个阶段无非只是初级与中级阶段。三、光线阶段。只有进入这个阶段，人们才算真正理解了影视画面语言的真谛，才算进入了画面语言的最高境界。因为，光线不仅能够揭示物体自身的造型美，而且它本身就是一种美，就是一种审美对象。正如著名美学家鲁道夫·阿恩海姆所说："光线几乎是人的感官所能得到的一种最辉煌的、最壮观的经验。"因此，照明艺术是影视画面营造情绪气氛的最重要语言。

目 录 Contents

第一章
照明视觉心理与照明语言延伸

本章内容提要

★ 影视照明在视觉艺术创作过程中的偶然性往往带有“复杂形式的美”，这种美感是借助于艺术家本身超越感性认识后才获取的。从某种意义上讲，过程中的偶然性形象是混乱而抽象的，它在排斥其他所有主观意念后，随着照明师心理变化和理智掌握，而逐渐成为精神性的东西。

★ 照明艺术是电视画面诸多造型艺术元素中的第一元素。照明独特的视觉心理与照明语言特性，及其同时作为技术、艺术、商品和电视照明艺术形态载体存在的多重本性的艺术学科属性，越来越被人们所青睐。要掌握、融会贯通照明艺术，首先要研究的是视觉心理学。视觉心理学归根结底要把握一个“悟”字，也就是“灵性”的把握。加深“悟性”是提高照明语言艺术创作水平的根本。

照明是用光来造型的一门艺术，是多种艺术元素与视觉心理、照明语言融为一体的时空艺术。光线是美的使者，是生命的源泉。世界上一切造型美只有通过光线作用才能成为人的视知觉对象，因为光线是大千世界的眼睛。人们越来越认识到，只有先进的摄录设备，没有现代化的照明设备和高水平灯光师准确的布光技巧，是得不到高质量的、丰富多彩的影视图像的。因为，构成图像最主要的不是别的，是光。图像本身就是光，而摄影机、摄像机及电视接收机则是一种捕获光和使光再生的手段。对作为视觉艺术载体的电视来说，光，是绝对因素，是电视画面之灵魂。光，就像照明师手中的“油彩”，经过精心布光设计，描绘出一幅幅鲜艳夺目的图画。

任何一门艺术都有其特殊的研究对象，随着人们对光线深层次的理解，照明艺术更需加以研究、探讨、挖掘、发现。观众的审美水平日渐提高，对照明艺术的要求就越高，照明师肩上的担子也就越重。

第一节 照明视觉心理的灵性把握

照明艺术首先要研究的是视觉心理学。视觉心理学归根结底要把握一个“悟”字，也就是“灵性”的把握。加深“悟性”是认识视觉心理学的根本。悟性是照明艺术创作发挥过程中的先师。因为，视觉心理学研究的对象是人的心理，也就是研究电视观众的心理。而电视节目是和每位电视观众的收视心理息息相关的，照明艺术在电视节目中创作出的艺术效果，又对每位观众的视觉心理产生影响与撞击。照明艺术存在的价值所在，也正是人们的心理既是主观又是客观之故。之所以说人的心理是客观的，是因为它是外界事物的反映，是由外界事物所决定的。人的心理是物质的脑的神经活动过程，并且可以通过各种外部活动表现出来。之所以说人的心理是主观的，是因为它对客观现实的反映总是由一定的个人来进行的，总是受他积累起来的全部个人经验和个性心理特征的制约，并且通过主体活动实现的。所以说心理是客观现实的主观映象，是主观和客观的统一。这种统一是在人的实践活动中实现的。电影、电视剧之所以这样吸引人、感染人，这样有魅力，实际上就是遵循这样一个原理来构成。大量的客观镜头和主观镜头组合在一起，称之为蒙太奇。不论是交叉蒙太奇还是平行蒙太奇，不外乎客观镜头与主观镜头的组合，只是表现的手法和表现故事的内在含义不同而已。

在照明艺术领域内，人们往往忽略了对一般创作过程中偶然性的灵性的把握，即从艺术和自然的偶然现象中求得本质，使之成为照明师心灵物象的统一体。将偶然性的艺术形式用于我们所谓的“预成图式”，这种形式的创作过程涉及许多心理学上的知识，这对传统布光艺术理论，无疑是一次经过深思熟虑之后提出的挑战。如：《三国演义》貂蝉向王允表示决心献身救国一场戏中，照明师完全打破了传统的布光方法，大量用了意境光、暗示光。场景实为室内，主光源是烛光，按传统布光法应该设为暖调，但为了体现剧情的内在含义，基调改为冷调，在貂蝉背后还加了水纹波动冷光，准确地揭示了貂蝉此时此刻的复杂心情，将照明心理和照明语言表现得淋漓尽致，让人称赞。

一件有意义的作品，是照明艺术家自我内心真切的体现。人们总希望将自己的想象转化为具体的艺术形象，这种从感知到理知的转换——因为内容要素无法掩盖其实际情形——被纯粹地表现出来，从而使作品具有超离物象的一般存在价值。

照明艺术创作过程中的偶然性往往带有“复杂形式的美”，这种美感是借助于艺术家本身超越感性认识才获取的。从某种意义上讲，过程中的偶然性形象是混乱而抽象的，它在排斥其他所有主观意念后，随着照明师的心理变化和理智掌握，而逐渐成为精神性的东西。因此过程往往决定结果，而所谓预想的结果则成为一种假设和虚体。

威廉·荷加斯曾经提出要用十分敏捷轻快的方法来掌握颇大的艺术空间：“用这种方法观察多种形体，我们就会感到，这些形体不管是静还是动，总是在迫使这条想象的光线运动。更确切地说，总是在引导眼睛本身运动，使眼睛得到与各种不同的轮廓和运动相适应的或多或少的快感。”对过程体验的延续性的把握是一件作品由构想到完成的中介。因此，极化强度下的主观性意向光线投射就成了一个重要的前提。也就是说，投射对象的性质适合意识的何种行为或何种意向，其实质表现在人与事物的关系的最原始形式之中。

先念不等于观念。所谓的“意在光先”、“胸有成竹”，只能是设计光线和体验过程之前的假设，艺术创作中的自然发展与自然表现，才是真实的东西，是艺术的本质。如果根据预设的创作境界来完成一场戏的光线布局，那将是一件徒劳的事。因为，它抽离了创作过程的中介存在，同时，也否定了主体和客体的辩证关系。也就是说，缺乏主体对客体的体验过程，最终导致精神意向片面地扩大到异常的尺度。用灯光线条构成对象，就是让光线存在于对象之中，去再现对象本身所暗含的意义。《三国演义》的照明师就很好地运用了手中的画笔——灯光。意在光先，打破先念不等于观念的常规，旨在再现对象本身所暗含的意义，描绘出如此动人美丽的画面。

通过多年的照明实践与研究，笔者总结摸索出许多照明艺术定论和布光技巧，同时更悟出这样一个道理：掌握了心理学方面的诸多原理，就好像在照明师脑子里装上了一台电脑数字特技机，可以无穷开发、任意变化，取之不尽、用之不竭。只有这样，才会有联想与想象、隐喻与象征，才会有对比与相似、时间与空间，才会有目的地去设计意境光、暗示光、造型光、引导光。只有掌握了视觉心理学，你才能充分利用色光去创作、去设计、去布置色彩的联想。因为色彩和情绪是不可分割地联系在一起的，而情绪又是受视觉心理支配的。无论是为电视剧某场景布光，还是为大型综艺节目布光，不是盲目地，而是通过思考、构思、设计，同时，这种思考、构思、设计也必须联系剧情。不管运用照明艺术去揭示某事物还是暗示某事物，都要吻合人们的视觉心理规律，构思、设计时必须考虑到照明艺术的效果能否达到剧情的要求，使观众的心理期待获得满足。我们可用下面的图式来表示：

$$\text{视觉心理}\xrightarrow[\text{艺术构思}]{\text{布光技巧}}\text{照明语言}\xrightarrow[\text{画面图像效果}]{\text{照明艺术效果}}\text{观众心理效应}$$

正如上图所示，视觉心理联想，萌发艺术创作构思，调动熟练的布光技巧，凭借照明师积累起来的全部个人经验和对电视节目照明语言内涵的确立，通过照明艺术效果，营造出视觉心理语言化的画面图像效果。观众的心理自然会有一种满足感。

例如，美国好莱坞摄影大师黄宗霑，由一个农庄主成为一名大摄影家，他的“启蒙老师”就是视觉心理学，他由于受到视觉心理的冲击和感染而踏上摄影之路。有一次他去好莱坞摄影棚玩,有位蓝眼睛的女明星让他拍张照片,当时黄宗霑根本不会拍照,更谈不上用光,出于无奈和好奇,他阴差阳错地给女明星拍出的照片中蓝眼珠变成了黑眼珠。女明星非常高兴,一下子众多女明星都要求他拍照,认为他神了。其实,他自己也搞不清是怎么回事。后来他发现了把蓝眼珠拍成黑眼珠的原因:桌子上玻璃板下面的黑绒布,由于照明光线折射、反射的原理,造成蓝眼珠变成了黑眼珠。因此,这对黄宗霑视觉心理有很大的启发,他发现光线竟有如此魔力。从此,他爱上了摄影这一行当。由于他用视觉心理学不断琢磨和观察生活,创作出至今被影视界公认的"高调"(白背景、白兔子),"中间调"(灰背景、灰兔子),"低调"(黑背影、黑兔子)。黄宗霑掌握了视觉心理学,在其摄影生涯中突飞猛进。他在摄影用光上有独到之处,曾拍摄出许多优秀电影,成为享誉全世界、广为人知的大摄影家。视觉心理学不但对照明艺术灵验,对任何艺术、任何门类、任何学科都起先驱性的决定作用。电视行家在评述一部优秀电视作品时习惯用这样的话:"这个导演有想法。"或"这个摄像有想法"。所谓的"想法"也正是创作者心理思维过程的结晶。

学好视觉心理学,是悟出照明艺术诀窍的灵丹妙药,是迈进艺术殿堂的阶梯。

第二节　影调与色调的语言化

影调,包括两个含义:一是指画面明暗层次,与"阶调"相通称;二是指画面的基本调子,即以哪一种阶调占画面的统治地位。在电视中"调"则称为基调。一部影片是由许多画面(含镜头)组接而成的。一幅电影画面固然也有它的影调,有时它也可作为完整的摄影作品而存在,但对一部电视作品来说,一个画面只是它的一个细胞,并没有独立存在的价值。因此,确定某一具体电视作品画面的基调时,必须考虑到它在整场戏中的作用,以及如何为电视作品的主题服务。所谓基调，也就是通过不同场面的影调，给人以总的印象，而不能把基调看成是一切场面、一切镜头的基本调子。在设计光线时，不仅要考虑通过哪些场面和镜头来表达电视片的基调，而且要根据每段剧情所规定的任务，来确定每场戏、每个镜头的影调，以及它们之间的起伏和协调。通过明暗层次的妥善处理，来显现对象的立体形态，表达景物的空间透视，集中突出主体形象，并造成一定的节奏感，使画面更富有语言化效果。

黑白画面的基调是由浓淡影调构成的，彩色画面的基调是由各种色调(色别)构成的。根据画面内容来选择作为画面基调的色调，不同色调会使人们产生不同的心理感受。因为色彩和情绪是不可分割地联系在一起的，色彩联想变化无穷。影调与色调就是无声的语言，这种语言恰恰是通过色光和照明光线的明暗层次体现出来的。如下表：

色彩	情　绪
红	热情、愤怒、残暴、兴奋、权力、坚强
绿	春天、新鲜、神秘、妒忌
黄	阳光、背叛、光辉、欢悦
蓝	冷漠、阴惨、优雅、无限的空间
黑	死亡、阴郁、悲哀、诡秘的行动
白	细腻、纯洁、寒冷、和平、洁净、高尚、脆弱、悲悼

以上这张简单的色彩联想表，只是用以证实照明艺术语言化的问题。但是，不同民族、不同地区由于其不同的文化背景、习俗，对色彩的理解也是不尽相同的，我们在运用色光时要注意因时、因地而宜。

比如，我们为一部电视剧结婚场景布光时，按照明语言确定，应该用“暖调”。因为暖调表现喜气洋洋的热烈场面，吻合了人们的视觉心理规律，说出人们想要说的心里话。若把“冷调”硬安排在结婚场景，人们会感觉到这门喜事要变“丧事”。

又如，我为电视连续剧《西施》中“卧薪尝胆”一场戏布光的处理：勾践为复仇，在河边造了间草棚，房梁上悬挂一只苦胆，目的是不忘在吴国所受过的苦，实为积极备战进行“卧薪尝胆”。(日景) 整场戏的影调采取明暗反差强烈的“低调”，说明勾践此时心情压抑而心中又埋藏着强烈的复仇烈火。苦胆上单独用一盏道具光，光效强烈，使其透亮，突出悬挂苦胆之用意。在门口外加一道强光，直射到屋内，表示勾践的复仇欲望，暗示观众勾践迟早要冲出黑暗，走向光明。(夜景) 虽然屋内有煤油灯，却仍处理成“冷调”，衬托勾践虽卧草铺却暗藏杀机。假设从窗外透进的月光为主光源，屋内的煤油灯只是微弱的“暖色”光线，门口布一道强“暖调”光束，标志着勾践的希望之光。对苦胆单独设一道强有力的月光道具光线。对这种场景的布光处理，不用解说，观众一目了然，突出了主题思想，烘托了气氛，增加了艺术渲染。照明语言替勾践说出了心里所想的和所要说的潜在语言。

第三节　照明语言的感染力

光影可以表示不同的内容：黑暗可能是神秘的、虚幻的、阴森的、隐蔽的；阳光可能是炎热的、透射一切的、令人神清气爽的、令人困乏疲倦的。照明之所以能引导人们产生联想，部分原因就在于创造这种条件，构成与之相关的气氛。

照明光线帮助我们引导观众的视线，使之朝着一定的方向，集中在某一细部上。由于孤立的影调，由于相邻影调的高度明暗对比，由于饱和的和较淡的色彩配置，由于模糊背景中的清晰区域的虚实结构，观众的视线就被吸引过来。用照明构图线条的会聚，用层次丰富的影调，把观众的视线引导到要注意的地方。

照明还能使我们揭示想要揭示的事实，引导观众推想并不真实或不完全真实的事实。例如，一个小偷在黑暗中行窃，或一个杀手带枪跳进漆黑的院内，从一束闪电光亮中看到了他的脸。屋内主人被惊醒，他打开电灯，从窗户中透出的光线照亮了小偷的脸，让我们看清了他的本来面目。反过来，也可用照明使观众无法了解一个对象或一个场面的情况，可以安排足够的线索来引导观众的思路，当眼睛只能看到极有限的东西时，想象力就更加丰富，好奇心也就更强。例如，脸部只有一半被照明，阴影掩盖了可辨认出的脸，从而增加了悬念，使故事矛盾更加复杂化。又如，表现悲惨死亡的场面，采用晦暗冷调。在深暗莫测的场景中，只有孤立的几圈月光光线展示出画面中的情景。尸体用范围有限的硬主光从侧面打光，轮廓形成剪影。在一圈光斑中我们看见杀手的一只手而看不到他的全身。这增加了观众的想象力，场面感染力就更浓。如果显示得太多，则神秘感就会消失。这样设计照明光线省略了许多语言，不用加以解释，观众自己会随着故事画面情节的发展而置身于环境之中。

确立照明艺术语言化之所在，就在于照明艺术本身所创造出来的各种无声的语汇。电视剧中具有明显时间概念的光线效果，也是靠照明来完成的。人们把一天的时间分为若干段落，如黎明、早晨、上午、下午、傍晚、黄昏、晚上，等等。不同的时间段落，太阳与地平线形成不同的角度，就会产生不同的照明效果。如早晨，太阳刚从东方升起；傍晚，太阳即将落山。早晨和傍晚，阳光对地面的投射角度，约在15度的范围之内。这时，景物的垂直面被大面积地照亮，而其水平面被照明的面积较小，形成了较长的投影。阳光透过极厚的大气层，光线被大量散射，显得十分柔和。此外，由于潮湿的空气和气压的关系，水蒸气不能上升，形成了晨雾和暮霭，覆盖着地面上的景物，由远处望去，犹如披上一层拂动着的薄纱，在逆光下更为显著。这就是这一时刻光线条件的基本特征。这种自然光线的特征，可以说人们再熟悉不过了。当你为电视剧某场景布光时，较好地表现出这一时刻的光线，观众观看电视剧时，脑海里会立刻映像出真实时间段的环境。逼真的光线魅力，不但为写实艺术体现出时间概念，还征服了观众对视觉艺术的渴望与联想。

在创造光线的联想上，我们可以适当安排光线的投射方向、强度和分布，能够使人回忆或模拟某些最常见的光线条件和与之有联系的典型环境气氛。比如：烛光、煤油灯光、炉火、台灯光、月光等。这些光种不但有较强的时间感和语言感，而且有时代感，即使看不到发光体，也应在色温上明显区分出光种的类别。还有阴影的设计,更是照明师感兴趣的方面,因为阴影具有较强的艺术感染力。感染观众的力量就在于安排得当的局部阴影。只有在分析局部阴影的几种潜在类型时,我们才能够认识到它们的价值和应用范围。

第四节　照明艺术创作中的语言统一

照明艺术的魅力,主要在于直接观照的亲切感和现场目击感。人的丰富的精神世界,高尚的人性美、真挚的人情美,这一切很难直观表现,因此照明艺术语言主要是凭借生活、思想、技巧所凝聚的瞬间敏感(照明摄影师的艺术直觉) 去发现和捕捉美。画面语言主要以形、光、色的和谐统一,形式的新颖优美,意蕴的深远含蓄而取胜。对画面意韵的追求主要源自于照明摄影师精巧的构思能力和熟练的照明技艺,以此来构建创造美。照明语言创作中的"偶想妙得" 的语言统一与丰富的想象和联想的能力,也正是来源于视觉心理对照明语言的剖析。

一、多方位与多景别的统一

影视艺术拍摄虽有方位景别的变化,但它实现了变化的连续性,因此照明语言创作是全方位、全景别的。例如大型直播晚会,它要满足在一定的空间里的任何视点的艺术需要,在很多条件不允许的情况下,进行瞬间的照明语言创作。对于一场晚会来说,多部摄像机从各个角度进行拍摄,两极镜头的频繁展示(大全—大特) 要求照明语言表达准确,无论是气氛与造型统一,还是全景与特写统一,从任何角度、任何景别去欣赏、去观察,都应具有审美价值,做到剧情与照明语言统一。

二、视觉与荧屏效果的统一

电视的视觉效果是以荧屏效果为准的，但它受到种种技术条件的制约，这些技术条件也是照明创作构思的一个重要环节。照明艺术的技艺不仅要考虑到电视观众的审美要求，而且要照顾到现场观众的审美情趣，因此，照明艺术创作中的语言统一是视觉直观与不直观的统一。

三、灯光与剧情、布景的统一

电视艺术的综合性，决定了灯光艺术的融合性。艺术的独创性，决定了照明艺术的创作个性。但艺术独创不能违背电视艺术的创作规律，不管如何进行灯光处理，都应与剧情、布景、人物保持气氛的和谐与统一，不能互不搭调，毫不相干。如剧情是悲惨的，不能用快乐的灯光气氛；布景是冷调的，不能用暖调去破坏它。人物的表情、心情、服饰都是照明语言统一构思中的依据。

四、静态与动态光效的统一

静态光效指的是晚会中的基础造型光。现在诸多晚会对基础光的运用似乎不够重视。笔者认为，基础白光是电视画面的显影灵，是照明光线的本质，忘了全光谱的本质光线等于捂住了摄像机的眼睛。若一个人眼睛失去了视力，看事物是模糊不清的，而当蓝色光占据整个电视画面时，若没有白光铺底，色饱和会过于浓厚，画面就会失去透视感、层次感，人物好像掉进了染缸里，这种画面还有什么语言可言？

当然，只用静态光效而不会用动态光效那是落后的表现。但如果过多地运用各种动态光效变化而放弃基本光效，使屏幕闪烁不定，让观众无法看清图像，同样是创作中的败笔。

五、写实与写意处理的统一

写实类，注重反映客观世界的本来面貌。例如对于电视剧，注重三维立体化地塑造人物和事物，注重正确表现环境的空间性、时间性，注重真实环境的再现和光轴方向的合理性等。

写意类，则注重表现创作者的主观感受。它不受客观现实面貌的局限，大胆地使用各种光效，用写意的手法展现艺术风采。

从照明语言艺术创作的角度来讲，笔者认为，两者应是统一的结合体。在写实处理时，注重一些写意的内容；在写意性处理时，不忘写实的含义。做到你中有我，我中有你。

本章思考与练习题

1. 视觉心理的中介是什么？
2. 为什么说只有进入光线阶段，才算进入了画面语言的最高境界？
3. 照明语言创作中的语言统一是什么？
4. 影调包括哪两种含义？
5. 照明语言在画面中起到什么作用？

第二章
对电视照明的认识

本章内容提要

★ 照明师对电视照明要有一个清晰的认识;要了解照明在影视艺术创作中的重要性;要了解照明艺术在我国的兴起与历史发展过程;要研究掌握照明的功利作用——如何用光线去创作影视艺术作品。

★ “照明之于电影正如音乐之于歌剧。”国外艺术家这段精辟的语言,道出了照明工作的价值与地位。

★ 一个好照明师必须要有品德,为人一定要谦虚好学、诚实上进、尊师重义,要懂得尊重别人等于尊重自己的道理。要有艺德,酷爱自己的职业,勤学苦练,向不同年代的艺术大师们学习,提高自己的文化品位与艺术素质。艺术,离不开“术”。术,精熟了就是技艺。高超的技艺正是“艺”。艺,得之于心,源之于“悟”,贵在于“新”,靠的是诚心诚意的学习;技,得之于手,成之于“熟”,贵在于“巧”,靠的是持之以恒的学习。

“照明”这个词,普通人心里似乎觉得没什么,谁家没有照明?人天天都要和光线打交道,对它再熟悉不过了。不就是照个亮吗,有什么呀?后来有了电视这个新生事物,有些人把电视照明仍看成是一般的照明。如

1979 年我们在拍电视剧《洞房》时用两盏双联碘钨灯照明；我由演员改行搞灯光，好多人骂我傻，又脏又累又没出息。人事领导对调往电视台的灯光人员的唯一要求就是：要是电工。看起来，只要懂电就会搞灯光。是啊，灯一通电就会亮嘛。正因为人们缺乏对电视照明的认识，导致我国的电视照明艺术发展缓慢，原来搞照明的纷纷改行，从事照明的工作人员得不到重视，不但在专业方面无人进取，而且使国家在经济上蒙受巨大损失。电脑灯国内没有，全靠进口，而且价格昂贵。各省级电视台 20 世纪 90 年代初才开始陆续建造 $800m^2$ 左右的综艺演播室。记得我当时所在的电视台进口了一台美国卡拉串 2000 Ⅱ型调光台，就花费了 90 万元人民币。

随着中央电视台每年春节联欢晚会的举办和各地方电视台节目的不断推出，电视创作者们终于认识到，照明在电视画面造型上，起着举足轻重的作用，它才是电视画面诸多造型元素中的第一元素。20 世纪 80 年代末北京广播学院(现更名为中国传媒大学)开办第一届“电视照明”专业班，为中国电视事业培养了第一批电视照明专业人才。他们毕业后被分配至中央电视台和各省、市电视台，成为我国电视照明战线上的中坚力量。1992 年 6 月在天津举办的全国电影电视和舞台照明技术研讨会上，有 21 篇开创性的电视照明论文在大会上宣读，其中有 10 篇被刊载在国家广电部科研所出版的《电视演播室灯光系统设计规范及照明技术与布光技巧》文集中进行发表。其中如《电视照明艺术》等论文，为提高我国电视照明的地位，确立电视照明艺术的高层次定位，为“照明心理”、“照明语言”定论的诞生作出了历史性的突出贡献。

饮水思源，最早认识电视照明重要性的是中国照明学会的孟秀鸾、中央电视台的张敏、北京广播学院的李兴国、国家广电部设计院的施克孝等人。正是他们历尽艰辛，促成了由广电部干部司和北京广播学院联合开办的第一届电视照明班的开班。这四位老师还亲自授课，李兴国老师兼任班主任。别小看这一举动，多少人想做却没有去做，而他们做到了。这里面寄寓着他们对照明事业的期望。而这批学员也没有辜负老师们的期望，他们勤学苦练，正默默地实现着老师们的期望。

列宁说过：“忘记过去，等于背叛。”在这里我代表全体照明班弟子们向各位老师说一声："老师，谢谢！"这就是我国电视照明事业迅速发展起来的根源，也是我国电视照明发展过程中所经历的事实。在此有必要重笔一提，加深后人对电视照明的认识。

说起来中国电视已走过了40多个年头，但作为电视画面第一元素的照明，在中国崛起至今也不过近20个年头。时间虽比不上国外早，但是，我国电视照明事业发展的速度与艺术水准令国外同行瞠目结舌。中国人的最大特点是，一旦认准的事就非要做好不可，各级政府部门以及电视业内的各级领导都极为重视电视照明艺术，各省、市电视台纷纷建造大型演播室，配备一流的灯光系统设备，有的省台最近还建造了数字化的大型机械化演播室。照明事业的突飞猛进，带动了我国照明设备生产企业的蓬勃发展，生产厂家不计其数，如生产高科技电脑灯的厂、调光设备厂、照明灯具厂等纷纷成立，可以说为我国电视照明艺术事业的腾飞起到了推波助澜的作用。

国家兴旺，匹夫有责。尽管照明事业发展迅速，尽管现在有些艺术院校已经在重视培养照明本科生，我国的专业照明人才目前来看还是极为匮乏，特别是地市县级电视台更需要专业照明人才。反观电视上经常播放的电视剧、大型文艺晚会的灯光艺术效果，我想行家们自有分说。一名合格的照明师必须掌握多种艺术元素。因为照明艺术是一种综合艺术，既是视觉心理与诸多艺术门类元素的结合，又是技术、艺术与布光、调光实践的结合，它们是不可分割的艺术的联姻体，缺一不可。

第一节　照明的概念

电视照明发展到今日，名气日趋上升，责任也越来越重。对这位"功臣"，我们应该有一个明确的概念。美国好莱坞导演得米尔对照明曾有过高度评价：**"照明之于电影正如音乐之于歌剧。"**精辟的语言道出了照明工作者的心声。地球人都知道"照明"在影视画面创作中，是利用自然光、人工光线来塑造人物形态的照明，是营造电视画面空间艺术造型的照明，是体现影视剧、大型文艺晚会和各类电视节目视觉心理和照明语言的照明。所以说影视照明在众多“艺术创作元素”中是独领风骚的，是其他任何艺术门类元素无法替代的。

事实上，影视行家们对照明光线早有定论：“光线，是大千世界的眼睛，是生命的源泉。若没有光线，我们所看到的只是一片黑暗。”所以，《圣经》中的《创世纪》篇写道：**“上帝用六天创造了世界，第一天先造出光（分昼夜），创造了光明，给尚未出世的人类，安排了灿烂的未来和美丽的世界。”**

光线的照射、光线的闪耀、光线的波动，千百年来一直是造型艺术家们追逐和表现的目标。不用说伦勃朗和印象派的画，就连米开朗基罗和罗丹的雕塑，如果不借助光线的作用，我们也无法真正体会其中的奥妙。

电视照明的一切限定概念就在于它把人眼看到的视觉对象“翻译”成摄像机能够接受的艺术品，它把景物的光信号变成电信号，电视接收机则把接收到的电信号再变成光信号。电视机又再现了原视对象的艺术形象。

电视照明在用光手段上，不仅用人工灯光，而且利用自然光和其他非人工光源作为艺术创作手段。在电视艺术领域里，把摄像用光称为“电视照明”的用语是名副其实的。读到这儿，有人可能会问：为什么电视上演职员表有的写“照明”又有的写“灯光”呢？实际上这就是个称谓统一问题。当今，我国影视艺术作品在国际上已占有一席之地，各国电视节目交流频繁，从与国际接轨和电视照明用光手段的内涵考虑，再叫“灯光”已不合适，应按国际统一称呼——**“照明”**。

第二节　好照明师的标志

如果向一位照明师问起要想在照明事业上获得成功都需要哪些素质，不管是电影照明师还是电视照明师，他们有的会说专业知识和实践经验，有的会说布光技巧或艺术的敏感力。所有这些都是照明师获得成功的必要条件。有些是天生的，有些是后天训练出来的，还有些则是跟师傅拍影视剧、搞晚会多年磨炼出来的。总之，照明师不是容易当的，他们必须有真才实学，还必须有丰富的实践经验。有人说：培养一个导演容易，可培养一个好的照明师难。这话我信，而且体会颇深。那么，好照明师的标志究竟是什么呢？他必须具备哪些素质方能驾轻就熟呢？

一、品位

一个成功的照明师首先要有品位。虽然品位只是素质的一部分，但即便是最聪明、最有想象力、最有组织能力的照明师，如果没有品位也不可能取得成功。好照明师会从各种各样的艺术形式中吸取营养：读文学名著、研究哲学和心理学、听音乐、欣赏绘画、熟悉天文地理；观察生活中日出日落的自然光线，观察自然光线照射人间万物后所呈现出的千姿百态，观察阳光对地面的投射角度与其直接影响的地球水平面被照明的面积大小、投影高低、光线强弱、明暗对比，等等。这些自我修养和原生态的自然生活规律，都是宝贵的照明布光创作依据！

这里还有一种含义，就是说一个照明师的品德是最重要的。为人一定要诚实好学、谦虚上进、尊师重义，要懂得尊重别人等于尊重自己的道理，要有艺德，酷爱自己的职业，勤学苦练，向不同年代的艺术大师们学习，提高自己的品位。

二、思维

一个真正合格的照明师必须思维敏捷，说白了就是要有“脑子”。干什么都要有点**“悟性”**，悟性是各种艺术的“先师”。“思维”是艺术创作过程中的“源泉”。影视创作者只有通过创造性思维，才能拍摄出新颖、独特而具有审美价值的佳作。“熟能生巧”说的是技术、技法的熟练掌握和灵活运用。唯有如此，才可使技艺高超的人放胆去创造、去开拓新的艺术领域。别忘记，**创作离不开思维，思维开发创造**。人的思维按智力结构可分为聚合思维和发散思维两种类型：

1．聚合思维，是指利用照明师已有的知识经验或传统方法来解决问题的一种有方向、有范围、有条理、有组织的思维方式。

2．发散思维，是指既无一定方向，又无一定范围，不墨守成规，不因循传统，由已知探索未知的思维方式。

创造性思维主要是指发散思维，又称开拓性思维或灵感思维。这是一种开拓思路、激发灵感的创造性的认识与行为。灵感思维是意识与潜意识相互作用的结果。创造性思维用通俗的话来讲，就是动脑子、想点子、出主意。特别是对那些亲临拍摄现场的照明师来说，极为可贵。

大家想一想，在影视剧拍摄现场谁最忙？谁最累？在综艺晚会录制、直播现场，谁压力最大？显然照明设计师的担子最重，压力最大。现场一切要显像、要露脸的都和你有“恩、仇”关系。你的灯光效果如他（她）之意，他（她）会笑嘻嘻，可能还会说声“谢谢你”；若某个地方没符合他（她）的创作思路，他（她）就要嘀咕你。再有，各行各业的创作者们正在虎视眈眈地盯着监视器。总导演、负责切割画面的导演、美工大师、有关领导等都在导控机房，边看电视墙边发表高见，还时不时地用通话器给你来上两句：“主持人的脸是不是再亮点儿？”“天幕光不要给蓝色，用红色……”你刚换成红色，现场导演又喊上了：“X老师，天幕不要红色要蓝色……”真可谓众口难调！你到底听谁的？**如果没有机敏性、灵活性和独创性的发散思维，你又怎能应对这种繁复的局面**。这时候你的脑子一定要清醒，两耳不闻身边事，按你自己的创作思维走，按自己的确定方案走，按自己的聚合思维走。让大家满意最好的办法就是用自己高超的调光指挥技艺，让监视器上呈现出准确的照明语言内涵和绚丽夺目的画面。这就是照明师唯一的选择。否则你将是艺术创作中的“罪人”。晚会成功皆大欢喜，上汇报会、庆功会、总结会，没有照明什么事；若效果不好，都是照明师的“功劳”。这也是我国照明工作的一大“亮点”。有人说：搞晚会，是玩灯光。这话我信。

三、专业技能

各种艺术门类的专业技能基本上来自三个方面：学习、好奇心、经验。

（一）学习

不学习就想得到高超的专业技能那是不可能的；中国老百姓有句格言：天上不会自己掉馅饼。我讲课时经常提醒学生，你们不要以为进了大学校门就好像进了“保险公司”了；不认真听讲，不刻苦钻研，不掌握真才实学，大学生只不过是个虚名。你的本科毕业文凭只能证明你曾在高等学府学过照明，学得怎么样你自己最清楚，在将来的实际工作中最能检验你；中国还有一句名言：“少壮不努力，老大徒伤悲。”

有人问，艺术家是干什么的？一个成功的艺术家坦然地说：“艺术家是给人希望的。”这句话对我震动很大。请问照明工作者们，我们是和艺术打交道的人，如果我们没有真才实学，又怎能给人类希望？更不要说给艺术作品希望。

学好照明这项工作是比较难的，要学好电视照明就更难，因为电视照明的范畴太广。电视制作中的每档节目的布光技巧你都要熟练，不但要熟悉大型综艺晚会、电视连续剧、新闻直播、专题类和访谈类节目等的布光技能，还要懂调光设备系统、灯光配电系统、灯光设计及绘图、电脑灯、换色器编程等等。真是手心手背都是肉，都和你连着呢，少学一项你就玩不转。所以说一个合格的照明师必须掌握 16 种元素：1. 职业道德；2. 视觉心理；3. 天气时差光线特征；4. 光学与电学；5. 影视色彩学；6. 曝光控制与影调调节；7. 照明艺术与技术；8. 大型综艺晚会灯光设计与操控；9. 摄影摄像艺术；10. 构图与造型；11. 艺术概论与欣赏；12. 照明设计与绘图；13. 调光设备原理与编程；14. 音乐知识与舞蹈肢体语言；15. 化妆知识；16. 照明语言。

（二）好奇心

健康的“好奇心”来自于对成功的渴望。它推动学习照明的人们去追求、去窥视、去获得超出学院和书本的知识。好奇心能激励人们对各种艺术作品或与照明沾边的艺术品都会感兴趣。要想学好电视照明这门综合艺术，必须具备一颗健康的好奇心。有好奇心，你才会上心，你才会渴望去翻阅有关书籍，不懂就要问老师、问同事，要有一种不搞懂决不妥协的精神。不懂不丢人，若不懂装懂那就是职业道德问题了。不懂装懂的人一旦穿帮，同事们会怎样看你，你自己的“良心”又会怎样埋怨你：早知现在，何必当初呢？

工作中的好奇心尤为珍贵，请教方法与真诚的态度更为重要。假如你和老同志外出拍片，如何做人是第一位的。首先你要学会尊重他人，要有眼力价儿，要勤快；工作时要用心去观察每个细节：演员在哪儿，机位放哪儿，灯为什么吊在窗户顶上，等等。你要用大脑把道理反复过滤几遍，找出正确答案。若仍理不清，趁休息时间，看师傅高兴的时候，现场请教会受益匪浅。我在恩师周化忠（长春电影制片厂资深照明师）身上学到终身享用不尽的宝贵经验。

在现场要养成做记录的好习惯，回到住处，对不明之处再请教。总之，好奇心是成为好照明师的“秘方良药”。

（三）经验

好照明师的名头不是叫出来的，是干出来的。他既要有理论知识，又要有实践经验。过去街头卖艺的有这样的口头禅：光说不练是假把式，有说有练是真把式。如果照明师对号入座的话，就是理论联系实践。这个实践就是经验，而经验又来源于实践。没有多部影视剧的磨炼，没有多台综艺晚会的用光实践，你哪儿来的经验？只有经过实践，你才能验证对与错、好与坏，在多次的修正、多次的磨炼、多次的体会之后，才能积累起丰富的经验。

知识是人脑中的经验系统，它以思想内容的形式为人所掌握。技能是“自动化”、完善化了的动作系统，它以行动方式的形式为人所掌握。知识是技能形成的前提，而技能还必须通过反复学习与实践才能形成。掌握照明知识的目的，就是为了发展从事照明所必需的特殊能力。照明师在拍摄现场必须要有：**敏锐的观察力、机敏的反应力、形象的记忆力和视觉心理想象力**，等等。实践同样决定着能力的发展。能力提高了，又会有助于知识的掌握和技能的熟练。

照明语言与技法是为影视视觉艺术创作服务的，“**照明语言**”离不开艺术，“**照明技法**”离不开技术。“**技**”，精熟了就是技艺，高超的技艺正是“**艺**”。

艺，得之于**心**，源之于“**悟**”，贵在于“**创**”，靠的是善于动脑子联想。**技**，得之于**手**，成之于“**熟**”，贵在于“**实**”，靠的是持之以恒的学习。

第三节 照明师的眼睛

作为一名照明师，首先要清楚你的职业特点，照明师是视觉艺术工程师，一切视觉画面都是通过照明师的精心布光才得以形成的。所以说，照明师的眼睛不同于一般人的眼睛，对光线应该特别敏感，应该有独到之处。常言道：这个人眼光高，那个人眼光拙。那么，照明师的眼光就非高不可。照明师的职责是与光打交道，不管是自然光还是人工光都是照明师需要重点研究的对象，包括：阳光对大自然投射后，世间万物、环境所形成的各种造型态势；阳光投射到地球上为什么有阳面、有阴面；昼光和夜光在一天中所形成的时间概念，每个时间段太阳光与地面之间形成的角度；区别不同时间段的色调与色温以及光线的高低角度；建筑物对光线造成什么样的影响等，照明师都要去反复观察。同时，照明师还要清楚阴天、雪天、雨天、月光、黑夜等不同环境下照明光线的特点与特征，不同天气情况会对人的心理和情绪造成何种影响，等等。当然，照明师对光线的明和暗就更为敏感。一名合格的照明师应该有“第三只眼”。所谓“第三只眼”，就是指照明师的眼睛要和摄像机、照相机同步，说白了，照明师的眼睛就应该像摄像机一样敏感、细腻。这种同步能力要从多观察、多实践、多对比、多琢磨、多练习中获取。如果不具备这种能力，照明师很难设计出满足影视摄影要求的照明光线。

第四节　照明地位与创作的关系

彩色电视已经成为世人生活中不可缺少的“宝物”。茶余饭后人们最关心的是电视台播什么好看的节目。扣人心弦的电视剧、精彩的文艺晚会，能使观众百看不厌。对作为现代高科技飞速发展产物的电视艺术来说，照明是画面创作中的第一艺术元素。照明光线是电视画面中的“灵魂”。不仅业内人士对照明工作刮目相看，就连普通百姓也知道，刺激、吸引他们眼球的正是五颜六色的光线。看电视时还要说上两句：“嘿！今年的晚会灯光搞得不错”；“这部电视剧情节、演员都很棒，可惜，灯光照得太亮，不舒服……”照明由过去不被人所认识，到今天被誉为“照明艺术”，地位发生了质的变化。在影视剧摄制组里，照明师既是技术、艺术的体现者，又是不惜体力，吃苦耐劳者，在剧组颇有人缘。特别是演员，更是把照明师奉为上宾。有人说：演员是怕照明不上心，给她打光不漂亮。又如在荒山野外拍摄，就靠照明灯供各部门照明，一旦断电全组大叫，特别是女同志更是窝火：“‘灯爷’赶快开灯。”就这样，“灯爷”的帽子给带上了，而且越传越“神”。

“灯爷”二字是褒、是贬，咱们暂且不谈，有一点可以肯定，照明占有重要的地位。尽管大家都说照明重要，但在个别掌权人的眼里，仍不看长；时至今日，他们仍把“照明设计”列在演职员表的最后边。同样是照明，怎么与国外的差距这么大呢？在英国、美国、马来西亚等国家，照明工作非常受重视，照明的地位早就名列前茅。马来西亚演播室工作人员表或电视剧的演职员表排名顺序是：导演、灯光指导、音响、舞美、切割……在英国，只有主摄影师才有资格被称为“照明摄影师”，而在演播室担任照明师的人被称为“照明指导”。

一、照明与导演

导演是全剧创作过程中的艺术“统帅”。照明是导演麾下的一个独立创作部门。照明与导演的关系,是统筹与体现的关系。

照明师必须熟读剧本,深刻领会导演意图,仔细做好拍摄前的案头设计工作,记下每个场景的调子和所需照明设备,做到心中有数。总调、场调和新的创意,必须和导演商量,达成默契,大胆实施。

二、照明与摄像

照明与摄像应是相互依存的关系。就像一只鱼缸,没有水,鱼在里边不能存活;光有水,没有鱼,鱼缸再美也失去价值。一旦放入五颜六色的鱼,鱼缸才会有灵气,令人赏心悦目。

照明与摄像又是亲密协同的关系。在影视创作中,你心中有我,我心中有你,互相体协,共同创意。照明师灯光布得再好,摄像师如果不配合,光效出不来;摄像师再好,照明师如果不配合,也拍不出好画面。

类似这样的教训我曾亲眼目睹和经历过,所以,在创作班子里,摄像与照明必须亲如兄弟,工作时,要互相提醒,互相照应,互相尊重,互相学习。

照明师要了解、熟悉摄像机的性能和基本知识,如拍摄角度、方位、画面构图范围、景别变换、镜头的内外运动规律,等等。这些知识对照明工作非常重要,有助于照明师产生布光灵感,做到布光准确,少走弯路,能提高拍摄速度。

摄像师也要了解照明师的布光架构、布光意图以及主光方位、角度、对比度、色温,等等。这些同样对摄像有实用价值。

进过剧组的人都会有同感:一个剧组上百口子人,前期准备工作各部门忙得“要命”,好容易盼到开机实拍了,谁是画面的体现者?是照明师与摄像师。在导演指挥下,在各创作部门的保驾护航下,老哥儿俩冲锋陷阵。若哥儿俩没有“金刚钻”,可千万别揽这个瓷器活儿,若拍砸了,全组共讨之,自己失面子,拍片没下次……

三、照明与美工

照明与美工属互补关系，很多景片、道具直接影响到照明效果。照明师要时常和美工研究景片、道具的颜色、反光、高度等，给照明光线留有充分的造型空间。

美工包括化妆与服装。化妆肤色的深浅与人物之间的反差，服装与布景的和谐及其对光线的影响都是照明师应重视的细节，都是照明部门需要和美工部门商量解决的问题。画面构图美不美是照明师与美工共同关心的事，他们是互相帮助、互相弥补、相互合作的关系，他们共同完成电视节目制作的创作任务。

四、照明与视频

照明与视频指的是演播室综艺晚会的制作。省级电视台专设视频部门——视频科，主要担负摄像、机房录制设备系统、光圈遥控等工作。整个演播室的技术命脉全部掌握在视频部门手中。照明与视频既是互补关系，又是相互依存的关系。这两种关系上面已有介绍。

照明师需要清楚的是，要想得到满意的光线，必须和视频部门搞好关系。特别是控制光圈的工程师们，他们按技术指标照章行事，一丝不苟。三个人每人负责两台摄像机的光圈，两眼盯着光圈示波器，手握示波器升降杆。如果你提光、他压光，或是你压光、他提光，则一来一去等于没调光。这个问题非同小可，它直接影响到照明光线的艺术效果。所以有经验的照明师在拍摄前就要和视频科的工程师们达成默契。在保证画面质量的前提下，共同商量一个标准曝光值，由照明师统一调控照明光线的明暗度，来达到电视画面亮度的起伏效果。当然，此法必须是有一定经验的照明师方能完成，否则免谈。

第五节　照明的功利作用

照明是一门独立的艺术学科。照明具有与其他艺术门类不同的创作内涵，有其特殊的艺术规律和创作方式。要说照明的作用真是举不胜举。因为照明光线太神奇、太让人难以捉摸了。在这儿谈照明的作用，笔者的本意是想简述照明光线在人们眼前展现的自然形状的功利作用。正是由于照明光线照射在物体上而呈现出的无声语言的、原生态的、千姿百态的自然光线魅力，激发了人们的创作欲望。正是它，不受任何雕琢的自然光、影、形、态，让人类挖掘到艺术创造的源泉。事实上，**照明的“祖师爷”就是原生态的照明光线**。人类利用人工光源模拟原生态照明光线，其原理、依据都是来自于大自然光线的原生态显现。本节让大家了解照明的功利作用，最终目的是要对其进行掌握、利用和模仿，让它为电视照明艺术创作服务。

爱迪生发明电灯，被人们公认为对人类社会的发展具有巨大的推动作用，改变了人类的生活方式，让我们在某种程度上拥有了太阳光的使用价值，延长了我们的活动时间，让我们在夜晚仍然可以做那些我们只有在白天才能做的事情，欣赏那些只有在光线充足的情况下才能欣赏到的美。从视觉心理角度去分析，爱迪生正是受到白天照明的换位心灵感受触发而萌发了这一创举。

现在我们开始学习的这个照明，与当初爱迪生发明的限定概念照明，有着本质上的不同。我们所研究的照明不仅是为了照亮，它最大的功利作用是能担当起影视画面之灵魂，**是体现照明语言与技法结构的照明**。

既然如此，我们从现在起就要重视照明这门独特的学科，就要彻底改变原先不把光当一回事和不加注意的习惯。试想一下，我们从小就有一种天生的本能，我们做事或看书时，如果看得不够清楚，会很本能地靠近光线或打开一盏灯，这就是照明功利主义的表现。在我们的生活中，照明揭示我们周围的世界时，它为我们提供了看清万物的表面结构、外部形态、距离和色彩的线索。我们又会把哪一种光线加以衡量和规定下来呢？现在情况发生了变化，因为我们即将成为专业的照明工作人员了。身份改变，所关心的知识就会发生变化。艺术来源于生活，知识来源于观察生活，观察大自然赐予我们的魅力世界。

太阳光是万物能量的来源。光线有其天然的暗示作用，这是由于太阳光线对人类活动的限制，导致人类发展中的自然反馈行为。比如，人们在白昼的时候可以自由活动，喜欢交流、运动和嬉戏；在夜晚则缺乏活力，在黑暗的环境中自然会感到恐惧和盲目。这都源于我们对自然界不自觉的一种适应。因为太阳的存在，我们在不同环境、时间、季节进行不同活动的种种感受，成为人类的普遍意识。这种自然的反应就像日出日落一样，周而复始地伴随着人类的发展，使身处不同地域、不同种族，讲不同语言的人们，拥有相似的情绪和情感。电视艺术作为表现和再现生活的一种艺术形式，照明的作用正是达到一种自然的真实效果，从而有力地支撑表达的总体需要。而照明的模仿、恢复、创造效果作用，都源于万物之主"太阳光"带给我们的心灵感受。学会感受并捕捉光线变化的差异，传达客观世界光线的真实性，正确合理地运用光线对人类造成的主观心理感受，是电视照明创作的范畴，是电视照明的功利作用。

电视照明应遵从下列七条指导原则。

一、引导、暗示特定的地点与环境

照明帮助我们引导观众的视线，使其朝着一定的方向并集中在某一细部上。由于孤立的影调，由于相邻影调的高度明暗对比，由于饱和的或较淡的色彩配置，由于模糊背景中的清晰区的虚实配置，观众的视线就被吸引过来。用构图线条的汇聚，用层次丰富的影调（由深到浅），把观众的视线引导到要注意的地方。

暗示突发事件的即将发生，暗示人物命运的转换，暗示人物心灵中的无声语言……这些独特的照明手段是其他任何艺术元素难以比拟的。

二、塑造人物形态的美与丑

照明的神奇就在于它既能使人变美，脸蛋光滑，皮肤细嫩，眼睛有神，也可以把一个人变丑、变恶，甚至可以使人脸变形。

用漫反射软光、强硬的直射光、光比明暗反差的对比光，用取舍布光法，用角度高低的变化，用突出掩盖的技巧，均可达到以上所说的美与丑的效果。

用脚光能使反面人物脸部变形，眼神恐怖，充满诡异。用软漫反射高光能遮盖脸部皱纹，使人显得年轻漂亮。广告人物均采用此光照明。

三、营造电视画面空间艺术造型

任何物体都具有长、宽、高三度空间。影视画面是一个平面，只有两度空间（宽和高），要真实地反映生活，必须通过两度空间来表现三度空间，即表现被摄对象的立体形状。

要想表现被摄对象的立体形状，一是通过引向纵深的倾斜的光线线条，形成线条透视；二是运用光线从不同角度照射，使被摄对象的不同侧面呈现浓淡分明的阶调层次，突出其立体感。

物体的三度空间是长、宽、高。那么影视画面的三度空间是什么呢？是空间感、透视感（纵深感）、立体感。表达物体的表面结构及质感，是照明的最基本作用。在平面画面中表现三度空间，大体上有三种处理办法：

剪影法

此法完全侧重被摄对象的轮廓，完全排除被摄对象的色彩、影调、质感和表面造型。基本上，被摄主体无照明光线照射，但必须置于明亮的背景之前。

平光法

此法的重点是造成一种平面的、二度空间效果，以表面细部和色彩为主。用平面、低反差布光，加少量逆光，就可达到平光效果。要注意的是不能有阴影。

对比法

这是最常见的照明体现风格。运用此法的目的是突出体现一种立体感和深度感。其方法是周密控制影调层次、各平面的亮度、影调的区分和阴影的构成。

此法具有一种吸引人的、感染人的力量。许多著名画家，如伦勃朗、卡拉伐吉奥、达利等，都用这种方法造成了杰出的三度空间的幻觉。

四、刻画语言化的阴影效果

阴影是最有特色的照明功利作用，也是照明师在设计照明光线时最感兴趣的一种创作手段。因为阴影具有较强的艺术感染力，感染观众的力量就在于安排得当的局部阴影。只有分析、研究局部阴影的潜在内涵，我们才能认识到它们的应用范围和利用价值。

结构阴影

结构阴影指用来揭示物体轮廓、表面结构和外部形态的阴影，包括隐没的各个平面的结构。在画面上看不到景物实体，只见得到物体结构的影子。结构阴影在电视剧中的作用很大。

环境阴影

环境阴影指表达时间、气候和环境概念的阴影。在电视剧创作中，环境阴影极为重要。不同时间的照明光线投射到环境的阴影有不同的变化。影子的浓和淡、大和小、高和低，以及随着时间的变化，光线色温发生的变化等，都值得照明师去观察、去分析、去模仿。

气氛阴影

这种阴影可以采取象征形式。它可以起到揭示剧情的作用。如用杂乱的人影可造成紧张忙乱的气氛；用窗帘的阴影，可以起到隐蔽等待的作用，使观众紧张地等待着不速之客的闯入，等等。

抽象阴影

这种阴影是装饰性的明暗图案投影。例如照明光线（包括月光）直射在门窗上、在室内墙上或地面上产生的投影。在拍电视剧时，往往用人工光投射各种道具，如各种窗格、模板、柳枝、竹子等。这些投影不但能表达时间感，而且对画面造型有一定的帮助。有时投映几条柳枝的阴影还可以使画面更富有诗意。

抽象阴影不能滥用，要视剧情、画面造型需要设计投影，要点到为止，见好就收，否则会适得其反。

在模仿投影时，灯光与被摄对象的距离越近，阴影变化就越大。因为它夸大了阴影的透视感，所以阴影随着被摄对象与背景距离的增大而增大。

$$\frac{\text{阴影大小}}{\text{被摄对象大小}}=\frac{\text{灯光 / 阴影距离}}{\text{灯光 / 被摄对象距离}}$$

五、真实环境再现与时间概念

评价建筑设计师设计的高楼大厦的理念优劣，最根本的一条就是室内的采光。购房者选房最在意的也是采光。所谓真实环境，就是自然光线由门、窗直射、反射到室内的照明而形成的自然环境亮度。人眼的适应性非常强，对这个自然环境早已习以为常。但对摄像机来说，这个自然环境似乎很难满足摄录技术曝光的需求。这就需要照明人员用人工光加以补充，加强照度，来模拟自然光，使真实环境再现到电视画面里。

电视剧是写实艺术。任何艺术均来自真实的自然生活规律。所以在布光时既要追求自然真实，又要符合剧情内涵，还要体现出时间概念。明白了照明的作用和环境的影响，等待我们照明人员的就是，以高超的布光技巧与敏锐超人的观察眼力，来营造具有时间概念的电视画面。

六、形成构图关系与构图影响

当你带着问题用心去观察身边的环境时，你就会发现，每当光线或阴影图案投射在表面时，它们就直接影响到构图效果。同样，墙上的阴影、光条、光斑和投映的图案都能形成画面构图的形式。

光线能使物体相互之间产生联系，突出构图线条，协同多种景物，只要限制光线的照射范围和安排光线的分布图案，就可以形成构图关系。

如把三个被摄体安置在一个简单的背景前面，每一个被摄体后面打上一圈光。其效果就是三个孤立的物体。如果用一道大面积灯光把三个被摄体和背景全照亮，由于共同的光线照射，这三个物体在构图上立刻就连成一片。

七、影响距离大小和体积的判断

由于光线揭示出被摄对象的周围环境，必然会影响我们对距离大小和体积的判断。我们只需想一想，一个淡色调房间看上去比同样大小的深色墙壁的房间大得多，就可以了解到光线强度可以如何改变物理参数。说到这儿不得不提一下，为什么在“照明师标志”一节我强调照明师必须要懂化装，因为化装就是明暗对比造型，明凸暗凹原理。那么照明的作用不正是要在电视画面中形成和谐的明暗对比关系吗？我们一直在强调的影调、阶调、光比、反差、层次等术语不就体现了这个道理吗？

第六节　照明的艺术特征

我们在研究照明光线时，会很自然地想认识一下它在电视照明创作中究竟有哪些主要特点。它凭借对电视艺术的贡献，早让世人折服。它不但为摄录技术提供照度要求，更重要的是，它赋予电视作品无声语言与灵魂。

一、瞬间艺术的表现性

电视照明艺术是瞬间艺术，这种瞬间表现特点在大型综艺晚会上表现得尤为突出。综艺晚会的照明理念是写意，电视剧是写实艺术。它们有本质上的区别，特别是歌舞晚会，伴随着起伏跌宕的音乐响起，快节奏的肢体语言变化，稍纵即逝的各种造型、队形的调度；这时如果照明师没有扎实的艺术功底，很难有节奏地烘托节目气氛，很难把握住照明基调转换和剧情转换的切入点、转换点。照明光线强有力的瞬间变化冲击力，色调变化的亲和力，与音乐节奏、舞蹈肢体语言的和谐力，都是照明所要追求的视听一体的艺术境界。

二、表现方法的复杂性

光，我们再熟悉不过。我们拥有它的时候从来不会吝惜。这也是为什么大家不会留心它的原因。对于一般人来说，出现在电视画面上的无非是光线的冷或暖、明或暗、软或硬。而对于电视照明师而言，准确再现不同时间、不同季节、不同天气光线的细微变化，可以说是非常不容易。电视照明师不仅需要对光线有相当的敏锐性，而且要熟悉照明工具的性能，这样才能把握好表现中"度"的问题。利用最简单的形式，通过复杂的方法和技巧，达成最终的效果。因此，在有些要求极其严格的场景中，完成布光可能需要几个小时甚至更长时间，这种复杂性在电影、电视剧、大型综艺晚会、大型广告、戏剧舞台等制作现场中是独一无二的。

三、无声语言的独创性

照明在影视艺术造型创作中，其最大的艺术特征是构建影视画面潜移默化的语言语汇。凡是和影视视觉艺术画面沾边的作品，都离不开照明光线的参与。令人大饱眼福的绚丽色彩，演绎节目内涵的诗情画调，澎湃激昂的光线动感，变幻莫测的光影变化，强烈地刺激着人们的视觉细胞，有力地抒发了观众的内心情感，唤起了人们心中无声的呐喊！其照明特征是其他任何艺术元素无法替代的。

本章思考与练习题

1. 照明的功利作用是什么？
2. 如何摆正照明与各创作部门的工作关系？
3. 一个好照明师的标志是什么？

第三章
光的基本知识

本章内容提要

★ “光是万物之灵,没有光世界将是一片黑暗”,光是照明的基础,视觉是照明的结果 ;光学和视觉是研究电视照明的两大依据,要懂得照明是什么,就必须先从光学的基本知识开始学习。

★ 我们眼睛所看到的这个可见光谱是一个整体,即“白光”。它不是一种单色光,而是由多种单色光所组成的复合光,日光通过三棱镜后产生折射,有规则地分解成红、橙、黄、绿、青、蓝、紫七种色光,人们把这种现象称为光的色散。把色散后形成的彩色光带称为光谱。

★ 人眼中有锥状细胞和杆状细胞。锥状细胞能感觉到彩色,即有颜色感,但对光的灵敏度较低,在昏暗的光线条件下将失去作用。杆状细胞对外界物体只有亮度感,没有颜色感,但对光的灵敏度很高,在昏暗的光线条件下也能辨别物体。

★ 物体对光的吸收、透射、反射的性能与物体本身透明度、光线投射角度以及物体本身的结构有关。由于不同的物质表面的反光率不同,在同一照度下会产生不同的亮度。

★ 国际照明组织对绝对温标进行标准统一 :“3200K/ 低色温、5600K/ 高色温。又有暖色与冷色之称”。照相胶卷又有灯光型与日光型之分。

电视照明艺术是和“光”打交道的一门特殊学科。我们要学习“照明艺术”,首先要认识和掌握手中的颜料——光。把光学研究透,才能更好地运用它在电视画面中绘画。这是照明艺术最基本的科学知识。实际上,光学是一门具有悠久历史的学科,它和几何光学、天文学、力学一样,饱含着人类自古以来的研究成果,它的发展反映着人类逐渐接近真理的过程。随着社会高科技迅猛发展和人类对电视照明艺术的酷爱,光学越来越被人们所重视。照明艺术在电视节目创作中已被公认为不可替代的画面第一元素。这个大道理地球人都知道,可追述它的深层次本质,就另当别论了。不搞照明艺术的人还可原谅,可我们专攻照明的人若只知其一,不知其二,那就说不过去了。下面就让我们共同研究一些和照明有关的基本知识吧。

第一节　光的概述

光学是关于光和视觉的科学,“光学”这个词,早期只用于与眼睛和视觉相联系的事物。而今天,常说的光学是广义的,是研究从微波、红外线、可见光、紫外线直到 X 射线的宽广波段范围内的电磁辐射的发生、传播、接收和显示,以及其跟物质相互作用规律的科学。照明人员着重研究的范围是从红外到紫外波段这一小段的电磁波——可见光。人类及绝大多数生物所能接收的自然信息中最多的是可见光。人们常说 :“光是万物之灵,没有光世界将是一片黑暗”,光是照明的基础,视觉是照明的结果 ;光学和视觉是研究电视照明的两大依据,要懂得照明是什么,就必须先从光学的基本知识开始学习。

人类对光的研究可追溯到 2000 多年前,最初主要是试图回答“人怎么能看见周围的物体？为什么能看到各种各样的颜色”等类问题。直到 17 世纪才由 W．斯涅耳和 R．笛卡尔将对光的反射和折射的观察结果,归结为今天大家所熟知的反射定律和折射定律。

1665 年牛顿进行太阳光色散试验,利用三棱镜把太阳光分解成红、橙、黄、绿、青、蓝、紫七种单色光，并按这一顺序排列组成了光谱，从此人们开始认识了光与色彩的实质关系及色彩的本源。它使人们第一次接触到光的客观和定量的特征，各单色光在空间上的分离是由光的本性决定的。牛顿还发现了把曲率半径很大的透镜放在光学平玻璃板上，当用白光照射时，则见透镜与玻璃平板接触处出现一组彩色的同心环状条纹。当用某一单色光照射时，则出现一组明暗相间的同心环条纹，后人把这种现象称为**牛顿环**。借助这种现象，可以用第一暗环的空气隙的厚度来定量地表征相应的单色光。

19 世纪初，波动光学初步形成，其中以 T．杨和 A．J．菲涅耳的著作为代表。T．杨圆满地解释了“薄膜的颜色”和双狭缝干涉现象。菲涅耳于 1818 年以杨氏干涉原理补充了惠更斯原理，由此形成了今天为人所熟知的惠更斯—菲涅耳原理，用它可圆满地解释光的干涉和衍射形成色彩的现象，也能解释光的直线传播。在进一步的研究中，观察到了光的偏振和偏振光的干涉。

1846 年，M．法拉第发现了光的振动面在磁场中发生旋转。1856 年，W．E．韦伯发现光在真空中的速度等于电流强度的电磁单位与静电单位的比值。它们表示光学现象与磁学、电学现象间有一定的内在关系。

1900 年，普朗克从物质的分子结构理论中借用不连续性的概念，提出了辐射的量子论。他认为各种频率的电磁波，包括光，只能以各自确定分量的能量从振子射出，这种能量微粒称为量子，光的量子称为光子。量子论不仅很自然地解释了灼热体辐射能量按波长分布的规律，而且以全新的方式提出了光与物质相互作用的整个问题。量子论不但给光学，也给整个物理学提供了新的概念，故通常把它的诞生视为近代物理学的起点。

许多科学家对光进行了漫长的研究，提出了各种学说，直到 20 世纪初，人们才逐渐把这些学说统一起来，也就是说，**光，既具有粒子性，又具有波动性**。光由具备一定的质量、能量和动量的光子所组成，是无数带有能量的量子进行的波浪式运动。

能，是从许多天然的和人工的来源放射出来的。这种**电磁辐射**以 3×10^8 m/s 的令人难以置信的速度，以波动形式，从太阳、无线电发射机、放射性矿石、电灯等多种多样的能源传播出来。这种辐射的特性视能的振动频率而有所不同。因此,振动较慢的能源所传播的热波占主要地位,而其他振动较快的能源所产生的穿透性辐射,我们就称之为 X 射线。可见光只是这个广泛的波谱范围中的一小部分。

第二节 光的色散与光谱

我们眼睛所看到的这个**可见光谱**是一个整体,即“**白光**”。它不是一种单色光,而是由多种单色光所组成的复合光,日光通过三棱镜后产生折射,有规则地分解成红、橙、黄、绿、青、蓝、紫七种色光,人们把这种现象称为光的**色散**。把色散后形成的彩色光带称为**光谱**。我们把光谱的各个特定区域单独分离出来,称之为**光谱色**(见彩图 1)。可见光谱以外的辐射是肉眼所察觉不到的,不过通过各种测试仪器、某些动物和昆虫的眼睛,是很容易记录下来的。

光,是一种电磁波。电磁波谱中有无线电波、红外线、可见光、紫外线、X 射线(又称 X 光)和 γ 射线。电磁波的波长范围很宽,按照波长排列,最短的是 γ 射线,最长的是无线电波,人眼能看到的可见光的波长为 380 ~ 780 毫微米(纳米)。

第三节 光的转换与物质的相互作用

光是一种物质形式,当然也就存在着与其他物质形式的能量相互转换的问题。其他形式的能量可以转化成光能,光能也可以变成其他形式的能量。光可以变成电,电也可以变成光。这个道理我们大家都知道。事实上我们几乎天天都和电光源打交道,我们照明用的各种灯光设备不就是将电能变换成光能的吗？当物质被加热到一定温度时就会发光，这种现象我想我们照明工作者最有发言权。如我们用的镝灯，刚开始通电时光是微亮的，光的颜色是绿色的，逐步加温逐步增亮，五分钟后光线大亮并处于稳定状态，光的颜色由绿色逐渐变为日光色。这一过程不就是光的转换与物质的相互作用吗，也就是说热能转换为光能。

当物质吸收光时，部分能量会显示为热，也就是作为成分的原子或分子的更为激烈的运动；部分能量会引起电子激发，这种激发仍可显示为荧光或者热。在太阳能电池中；光也可以转变为潜在的化学能。许多化学反应伴随着发光，如蜡烛的燃烧、煤的燃烧，等等。

当一束光同一块半透明物质发生相互作用时，入射光的一部分在物体表面处以两种方式发生反射：镜面反射和漫反射。如果物体表面十分光滑，会发生镜面反射，“入射角等于反射角”，这是照明人员所熟知的定律。如，我们开晚会时用的电脑扫描灯，就利用了镜面反射原理。如果物体表面粗糙，还会从表面上散射出一些漫反射光。这种漫反射的光，来自同物体的更为密切的相互作用。

正因如此，我们照明工作者巧妙地利用光与物体的相互作用原理，来改变光线，以适应影视艺术作品创作的需要。比如，利用反光板，进行影视剧外景拍摄人物的补光；利用柔光纸、柔光纱加在聚光灯前，使散射光线转换成漫反射光线；漫反射光被广泛应用在影视剧拍摄、广告拍摄、演播室综艺晚会拍摄上。又如，影视剧在拍摄外景时，有时不得不用白色柔光布，将不能拍摄的直射顶光，转换为可拍摄的漫透射光。

类似于此，在晴朗的日子，平静的水面会呈现明亮的天蓝色，这是由于反射天空的蓝色之故，而在有风浪的日子，粗糙的水面会呈现为天光的灰色或白色。但应注意到，在面对游泳池的白色水底或浅湖水底的白色沙子时，纯净水的颜色会呈现出淡蓝色，这是水分子散射光的结果。

物体的温度取决于赋予它的能量，这个能量包含它吸收和受激的辐射能量。当温度不够高时，能量归诸原子与分子的振动与转动。固体吸收了部分光能后，光失去了某些能量，固体的原子或分子的振动与转动会加剧，光能转化为固体的内能。这种选择性吸收会促成原子发射能量的突增，以可见光形式出现。

事实证明，任何固体被加热到白炽时均能发光。爱迪生在 1879 年发明的白炽灯只点亮了两天，但他的这一创举震动了整个人类，启发了人们的创作思维——“光”。光以不同速度在不同折射率的介质中传播，在真空中，光速是最高的，是一个固定的自然常数。没有爱迪生的发明，很可能就没有今天的电灯和我们现在影视艺术创作中所用的照明光源。

第四节　光的入射和反射

入射光是照亮物体的光。它可直接来自一个光源(太阳直射光、天空散射光、人造光源)，或从其他物体反射到某一个物体上的光源，例如：太阳光照射在月球上，月球光又反射到地球上，地球人称它为月光。正因如此，我们把月光列入自然光的行列。有人不禁要问，自然光是白光，那么为什么月光是灰蓝色呢？这是我们人眼的光谱光效率造成的视觉反差之故(下一节会讲到)。又如，太阳光从门窗射入室内，室内白墙、顶棚、家具等陈列物互相反射，使房间亮堂。但我们稍注意观察，室内光的入射率和入射角不同，房间内呈现的光亮度和明暗层次就不同。所以，现代家庭装潢均采用亮调。

照明前辈们根据大自然的入射光和各种物体的反射规律，发明了影视照明创作的布光理念与布光技巧。已故表演艺术家文兴宇被采访时说过这样的话：“艺术都有技巧，没有技巧的艺术不叫艺术。”任何发明创作都是来自自然规律和人们的视觉艺术再现。不是吗？早已被世界各国同行们公认的三点布光法，不就是依据自然光的直射、反射、散射原理吗？依据这些原理，照明艺术布光技巧里有了逆光、主光、副光(辅助光)这些最基本的布光原理和布光技巧。

投射到任何物体表面上的光线，一部分被物体吸收转化成热能，一部分被物体透射形成透射光，一部分被物体表面反射回空间形成反射光（见图 3–4–1）。

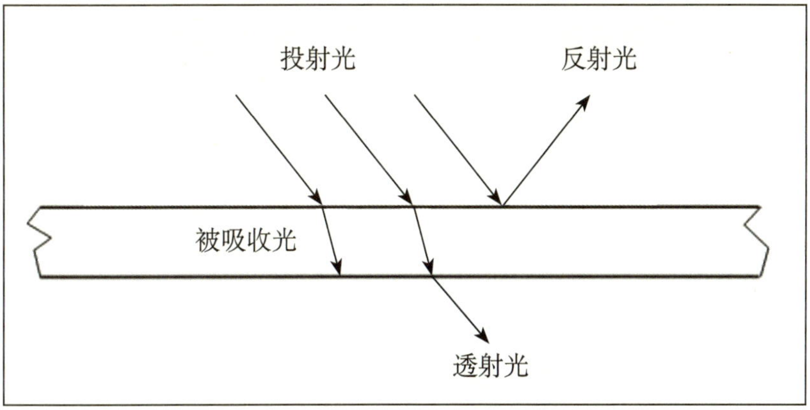

图 3–4–1 投射光（入射光）等于被吸收光、透射光、反射光之和

物体对光的吸收、透射、反射的性能与物体本身透明度、光线投射角度以及物体本身的结构有关。由于不同的物质表面的反光率不同，同一照度下就会产生不同的亮度。

光的反射定律：**反射光线与入射光线、法线在同一平面内；反射光线和入射光线分居法线的两侧；反射角等于入射角。**图 3–4–2 中，ON 为法线方向，∠ i= ∠ r。

光学的基本定律为我们布光指明了方向。无论你是为演播室、电视剧布光，还是给某个场景或某个景片布光，都要视你所面对物体的表面粗糙程度、光度、色度和物体所处的位置、姿势、角度，统筹设计照明方法，如照明灯光源功率、入射光角度、灯光的高度与距离、聚光还是散光、柔光还是硬光，等等。不但如此，还要考虑周边物体光线的干扰，注意不要把其他物体也照亮，从而影响了画面的影调反差。

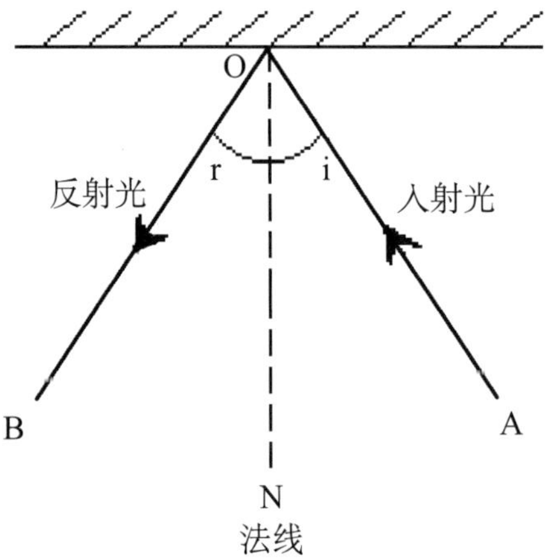

图 3—4—2 入射角等于反射角

物质对光的反射形态，对我们照明人员来说是很重要的。特别是为电视剧布光时，用不同反光物质进行反光会直接影响到画面质效。如我们常用的反光板，有时要自己制作。一般的反光布都是麻面，若是光面，通常要用解放鞋底把光面打成麻面，目的是让反出去的光柔和。又如每次外出都要带几块塑料泡沫板，因泡沫板表面粗糙而且轻，使用起来得心应手。实际上电视剧布光就是要用不同物质、不同角度的反射光对人物和场景进行巧妙的照明。不同物质表面反光率不同，在同一照度下所出现的亮度也就不同，故光线的柔和性较高，拍摄出的电视画面和谐度也就不同。

一、镜面反射

在电视剧实际布光中，经常会碰到梳妆台、大衣柜上的一面镜子、油漆锃亮的桌面、外景的水面等等。当光线垂直照射这些表面时，会直接反射出去。如果你懂得光线的反射规律，这些有情感的道具就会活灵活现地展示在画面中。

镜面反射只有在 A 点所处反射角方位上，可以在物体表面上看到光源的影像，其亮度接近于光源强度。在其他方位上（如 B 和 C 点上），物体表面上呈无光状态（见图 3—4—3）。

如：镜面扫描电脑灯就是采用了这个反射角，再通过电脑控制台指挥镜面做 X、Y 运动，使镜面将光源的影像反射到需要光的演区。反射光束与入射光束相同，不发生性质变化。

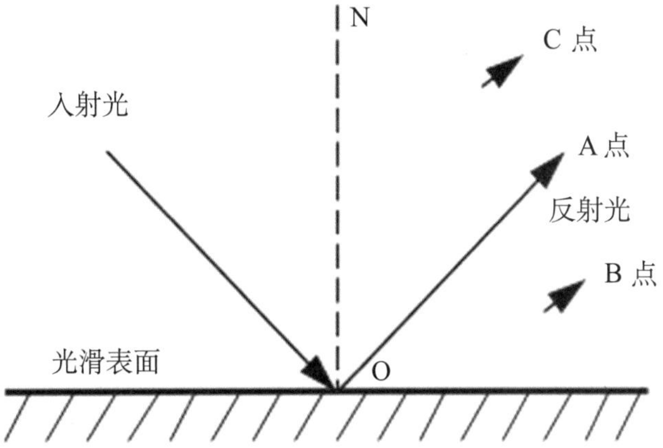

图 3–4–3 镜面反射

二、漫反射

如果物体表面不是光滑的而是粗糙的、不规则的，那么，光线投射上去，就不是以一定的角度反射，而是向各个方向散射。这种反射光，就称之为漫反射光(见图 3–4–4)。

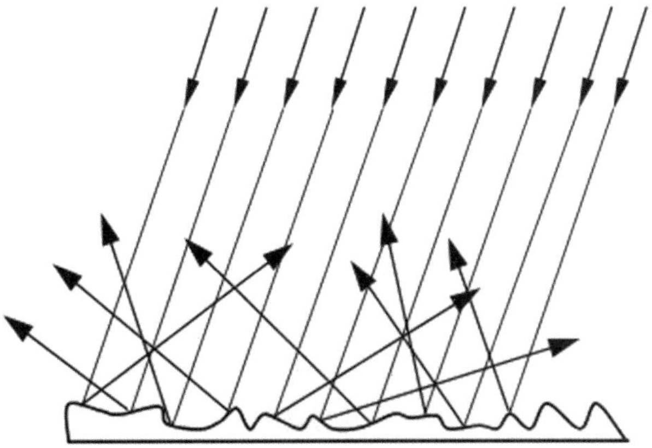

图 3–4–4 光的漫反射

漫反射光有如下几个特点：

1．漫反射光将一束平行光反射成散射光，改变了入射光的性质，漫反射光向四面八方辐射，没有方向性。

2．漫反射光的照度小于入射光。投射距离较近，光斑面积较大。但光线极其柔和。

3．物体表面看不到光源的影像。各点的法线方向不平行，则入射光线即使是平行的，反射光线也不是单一方向的。

漫反射光在电视照明中应用较广。如人物光用漫反射光能使人脸皮肤细嫩，不规则的网状光线能掩盖脸部皱纹。

在拍摄化妆品广告时，表现美女脸部光滑柔细的镜头，均采用高光漫反射布光法。大型文艺晚会当使用大量彩色效果光时，有经验的照明师会适当添加一小部分漫反射光作为底子光，对整个演区进行白光打底。既满足摄录设备照度要求又凸现了效果光，使画面质感和谐。目的是使画面更清晰，色彩更鲜艳，人物脸的肤色更趋于正常。

又如，让你去某一个大的会议室拍摄一个重要会议。有关人员对画面要求很高。场内没有足够的照明，而顶上又无法吊灯。在这种场合许多专业照明人员总是在房间的角落里放上几个泛光灯，对着墙壁或天花板打反射光，使整个房间沐浴在光线中，使摄像师们能自由走动，在任何地方拍摄。房间中的任何一个人都能以令人满意的方式被拍摄，因为均匀的漫反射光提供了清晰的照明光线。

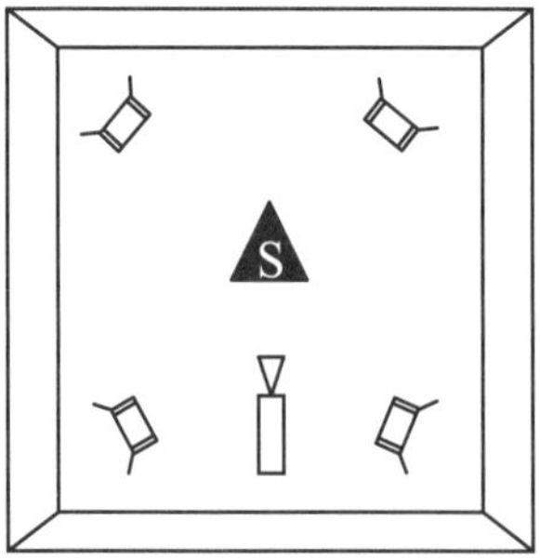

图 3-4-5 会议室布光示意图

在放置灯的时候，将灯放得距离墙壁、天花板或其他反射物越远，光线越柔和，越容易发生漫反射。将灯放在房间中两墙和天花板相交处是最佳选择。这个地方不但能产生均匀的、方向性不太强的光线，而且，灯不碍事，还具有隐蔽性(见图 3-4-5)。

第五节　光的基本光种与光位

事实上,当代电视节目种类繁多。新的用光理念和新的布光技巧有很大突破。本书在此先论述一下最基本的光种与光位,以达到了解认识之目的。有关详细解读第六章有专述。

光种相当于照明师手中的武器,光位则相当于瞄准方向的问题,所以说这个问题是学习照明艺术的敲门砖;必须先了解、认识各种不同的光线效果、性质、效能及其规律,才能发挥这一造型手段的作用。对下面进一步学习照明语言与技法有很大基础性的帮助。

一、光种

在现实生活中的各种景物,往往不是由一种光线所照明。如在晴朗白昼的野外,除直射的阳光外,还有天空的散射光,以及从地面或其他地方反射来的光线。在夜晚的室内,也可能有各种人工光源从不同方向射来。因此在实际拍摄中,不可能只使用一种光线,而是对各种光线的综合运用。为了便于工作,可根据各种光线的作用,将其区分为不同光种。一般分为主光、辅助光、轮廓光、装饰光和环境光等。

(一)主光

主光是照明景物的主要光线。在实际生活中,我们看到有来自不同方位的光线照明景物。从艺术效果来要求,它们对塑造形象各有各的作用。它们之间的关系,是对立统一的辩证关系。就是说它们虽都对景物照明起到了效果,但其中必定有一种光线起着主导的作用,这就是主光。此说对我们选定主光提供了原理依据。

主光标志着主要光源的特性和**投射方向**。可表现景物的形态、轮廓和质感,而且对艺术形象的刻画具有决定性的作用,其他光线只起辅助作用。因此,有人把主光称为**塑型光**。

主光可采用自然光源,也可用人工光进行布光。但用人工光时,其投射方向和光线性质,必须符合规定情景的各种条件(时间、地点和不同的环境等)。

(二)辅助光

辅助光,也称补助光或副光。主要是弥补主光之不足,照明主光所不能照亮的侧面,显现景物阴影部分的质感,帮助主光来塑造形象。在自然环境中,如阳光是主光,那么,由天空散射光和地面、墙壁或其他环境反射来的光线则可称为辅助光。在人工光布光时,人为控制辅助光的强弱,调整它与主光间的光照比例,以此调整画面的影调反差。

(三)轮廓光

用来勾画景物轮廓线条的光线叫轮廓光。人物处于逆光状态,视觉的角度发生了变化,眼睛呈现逆光现象。物体呈现光线轮廓勾边。它的主要作用是使被摄对象与背景拉开空间,突出主体,增强画面的纵深感。因此,轮廓光的亮度一般都要高于主光。用轮廓光要注意控制亮度、方向、光斑范围等。

(四)装饰光

装饰光,主要是用来对景物中的某些局部或细部作必要的修饰,所以又称修饰光,包括眼神光、服装光、道具光等。眼神光是创造人物形象的重要装饰之一(其他章节有专门论述)。

所谓装饰,就是对场景中所要表现的人物、景物进行美化,进行修改。说穿了就是修修补补,遮遮挡挡。当然要有美学眼光和高超的布光技巧。

（五）环境光

用来照明被摄体环境的光线即环境光，也称背景光。因为它所照明的不仅是人物或其他主体对象的背景，也包括作为环境的前景，所以称环境光比较准确。

它的主要任务是：衬托主体对象，表现事件发生的时间和地点，渲染环境气氛。环境光的光源性质和投射方向，也要与规定情景相统一，而且要力求简洁，以免喧宾夺主，扰乱观众视线。

环境包括的范围较广，有时则需要用主光、辅助光、轮廓光等各光种分别进行打光，以突出环境的纵深感和立体感，来营造特定的艺术气氛。有时，也需要用装饰光对其局部进行修修补补。

以上，是我们常用的五个光种。其中，主光对塑造形象起着主导作用，但决不能因此而轻视其他光种。在一定条件下，其他光种也会对形象产生重要影响。

二、光位

光位就是光的基本方向位置。是以人物、景物为中心点。从摄像机方向来看，光线落于被摄体的部位不同，产生的光位光线效果也不同。根据人物相对摄像机的不同方位，按光源位置在人物头上形成的不同方向、角度，可将其分类为不同的光源光位论述。下面我们以人物相对摄像机的方向，来划分不同的光位，探讨不同的光位会对人物造型产生哪些不同的影响（见图 3–5–1）。

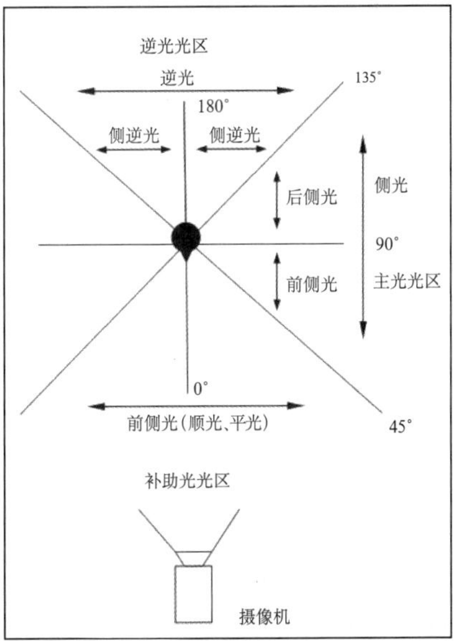

图 3–5–1　光源方位图

我们画一个平面圆周图，将其划

为三个大光区方位。定位人站中间，摄影机或摄像机为零度，分左右 180°。在零度位左右 45° 角的范围内为前侧光（即顺光），这是补助光光区。在左右为 45° ～ 135° 角的位置上为侧光区，又是主光光区。再细分，可分为前侧光和后侧光。这个 45° ～ 135° 角之间的区域作影视画面光源区，拍出的画面空间立体感强，层次分明，物体形状明确、真实、正常，所以，一般把它定为主光光区（特殊方位光效做主光时例外）。将 135° ～ 180° 之间的区域定为逆光区。再细分，分为逆光或侧逆光位置。从这个光区方位投来的光效，隔离画幅中物体与物体的空间层次。

我们划分上述三个布光区域，目的是让大家明晰光区光位，增强布光目的性。虽机械地规定了几个光区，但在实践中不可生搬硬套，要灵活掌握布光的各个环节和方法。在这里只是给大家做个提示而已。下面介绍几种常用的基本光种：

（一）正面光

正面光，即由摄像机方向射来的光线，也称顺光（有人又叫它大平光，见左图）。正面光照明能形成画幅中很均匀的明暗，没有明显的反差，其优点是色彩质感好，中间层次比较丰富，光调舒适明快。这种光线，一般用于拍摄抒情的场面。比如，轻松愉快的戏曲片和轻歌曼舞的歌舞片。另外，用顺光拍摄医院的场景显得干净利落，拍马戏团节目更显得活泼、动人，拍喜剧片会让人感到轻松愉快。此种光线，根据剧情需要，也可以用来拍摄阴天场景或用以拍摄旧社会苦难生活的戏等。

要提示的是：此光是大平光，“只能锦上添花，不能雪中送炭”；人物脸庞长得水灵那自然好，若脸部有缺陷就无法为其造型。对景物也是如此。此光容易造成前后景和人物光调的光比太接近，这样就会平淡无力，会使人感到厌烦。布光时一定要根据剧情、人物、环境等酌情处理。

（二）前侧光

前侧光，也称斜侧光，光线投射的方向与景物、摄像机成 45°左右的水平角度。前侧光在电影电视布光中，是一种主要光线，它比较符合日常生活中人们的视觉习惯。所以，前侧光经常作为画面中的主光源使用。用此种光线作人物的主光，不但能表现出人物的本来面目，而且，用的得当还能丰富和美化人物形象（见右上图）。

这种前侧光照明法，是借鉴了荷兰著名画家伦勃朗绘画艺术而来的。伦勃朗的画多数采用前侧光，即人物面部七分光照明法（照相业称三角光）。有时我们又习惯地称前侧光为伦勃朗光。

（三）侧光

侧光，即来自景物的左侧或右侧的光线，同景物、摄像机成 90°左右的水平角度。

在侧光照明下，投影落在侧面，景物的明暗阶调各占一半。电视布光中大部分的人像照明是用侧光来完成的。所以，侧光照明又叫半面光照明（见右下图）。这种照明方法可较好地突出其轮廓线条和立体形态。如果被摄体具有比较粗糙或凹凸不平的表面结构，用侧光照明，有时还能夸大表面的粗糙不平的结构。侧光可造成较强烈的造型效果。用侧光照明，轮廓鲜明，立体感强，能较好地表达人物的性格特征和精神面貌。

有时，也把侧光当装饰光用，突出表现画面的某一局部或细部（如服装、道具等）。并对人物面部的缺陷有弥补作用。如被摄人物的鼻斜嘴歪，用半面光就能适当地调整过来。当然，歪得太大那是解决不了的，光靠照明一家也不行，还要依靠摄像、化妆等部门的协作，共同来达到完美的效果。

另外，侧光照明对布景明暗分配也有着明显的光调效果，容易增强和突出重点，对表现被摄体的质感和时间感起着重要作用。

（四）侧逆光

侧逆光，也称后侧光和轮廓光。光线来自后侧方，与景物、摄像机成左右两侧 135°的水平角度。以侧逆光照明的景物，大部分处于阴影中，被照明的一侧有一条光带，勾画出景物的轮廓线条，将它同背景分隔开，使画面具有空间感（见左上图）。若表现一个较开阔的场面，用侧逆光可造成强烈的气氛。

在人物摄影中，用侧逆光照明，适当地拉大光比，可造成轮廓鲜明、线条强劲的造型效果，有利于表达人物的特定情绪。

（五）逆光

逆光，是由摄像机的相对方向 180°射来的光线，可勾画景物的边缘轮廓，并与背景之间造成纵深感，以突出主体对象（见左下图）。其优点：表现画面强烈的空间感，景物有立体感，增加形体气氛。此种光线多用于拍摄黄昏、日出、黑夜，塑造少女、儿童、敌特或描写特定环境与气氛。如野外拍摄夜景隧道、山坡下的远景、小巷狭路相逢的相持、造成悬念的镜头，等等。

（六）顶光

顶光，即来自顶部的光线，与景物，摄像机成 90°左右的垂直角度。顶光照明下的景物，投影垂直地落在其下部或脚下。如用这种光线照亮人物，其头顶、前额、颧骨、鼻头很亮，两眼窝、两腮和鼻子下部完全处于阴影之中，造成一种反常、奇特的形态（见右上图）。

但如适当配合辅助光或其他光种，或人物头部稍仰，顶光同样可以表现人物。在电视摄像实践中，时常用低照度的散射光，从顶部普遍照明景物，作为底子光，以达到画面和谐的照度，电视画面会更有层次感。

（七）脚光

光线由下部照射景物，称脚光。这也是一种反常的光位。其效果与顶光相反，投影落在景物后上方。照射人物时，其下颏、鼻孔、两颊很亮，而鼻梁、眼窝和上额部分则形成黑窝，造成一种反常的、怪诞的造型效果，看上去就会让人感到阴森恐怖，令人生畏。早期的电影描写反面人物狰狞面目时，常用脚光照明（见右下图）。

脚光在电视节目创作中，更是常用的一种方法。如底光源方位的场景戏就常用脚光来表现。像火光、油灯光，都是低位置的，把这些光源的光投在人物和道具上，就会使人物、环境具有一定的典型性。

（八）夹板光

夹板光，顾名思义，两个光源同时从两侧方向投在一个物体上，如同夹板一样，将被摄体夹上。夹板光照明，在我国电影、电视中用得很少，只在特殊情况下偶尔出现。不会布光的人由于不懂布光技巧，时常会出现此种现象。我就亲手为好几个电视台修改过夹板光。好端端的主持人，硬把人家两边脸“打肿”（见左图）。夹板光并不是不能用，关键看你用在什么地方，怎么用。这要根据剧情需要而定。我认为，在写意艺术作品里，是以造型美为布光原则，特别是在对人物脸部造型时，是绝对禁用夹板光的。

以上我们分析了一些主要光位及其特点，但不能把每种光位看得太死，诸如，前侧光必须是45°水平角，侧光必须是90°角，等等。在实际布光中，每一种不同水平角度的光位，都允许有一个活动的范围，允许调节其不同的高度。要明白“艺有法，艺不定法”的道理。用光、布光技巧凝结了照明师自身超越感性认识后的经验积累。照明艺术创作过程中的偶然性往往带有“复杂形式的美”，这种美感是照明师心理变化和理智的结晶。如，一位女主持人脸很富态，你非死心眼按45°角打光；把主光从45°移到60°，再调整高低加以遮挡，主、副光光比稍拉大点，富态脸会马上变成清秀的瓜子脸。这一节，主要让大家先了解最基本的光种与光位。有关人物造型后面章节有专述。

第六节　光的视知觉对象

光线是生命的源泉，是美的使者，世界上一切造型美只有通过光线的作用才能成为人的视知觉对象。但是，我们又是通过什么来界定“光”的呢？回答很干脆：人眼。这样说对吗？若针对电视画面来说就不完全对。电视艺术作品通过摄像机成像后，才能界定光的属性，才能界定电视画面的画质。事实上，眼睛这个器官极易产生错觉。它在光学上的缺陷，如果出现在摄像机中，是我们所不能容忍的。所以我们必须清醒地认识到，人的视力有高度的适应能力。因此，必须经常区分肉眼认为自己看到的**主观**效果与仪器（摄像机）所能测知的**客观**效果。这两种效果可是大不相同。我们只要想一想，一支蜡烛的光线在一间黑暗的房间里人眼看起来是何等的明亮，可摄像机看起来只能看到蜡烛本身的光点，其他什么也看不见。从这个简单的道理，我们就会联想到**照明技法**的可贵。大白天，人眼看被摄场景很透亮，为什么还要布人工光？夜晚，某场景人眼看上去很舒服，为什么还要增加许多灯？而且，这种布光又烦琐又有一定的难度。若没有高超的照明技法还驾驭不了。否则，不但不能营造出真实的环境气氛，反而会画蛇添足，使画面乌七八糟。

所谓“**视觉**”，实际上是眼睛与大脑之间一种复杂的、大部分无法解释的、自然而然的计算过程。我们的眼睛能够在一个大约 240° 的无细节的广角视野范围内，清晰地察觉到 2 米处 2 厘米宽的细部。正是由于这种网膜外围视觉，使我们能在暗淡的光线中看到物体，而且很容易察觉到附近的动作。然而由于眼睛运动迅速，我们的视觉从一个趣味点跳到另一个趣味点，迅速地重新调焦和迅速地重新调整所得到的感受。因此，对景物总的清晰度留下了印象。这种眼睛的迅速跳动是我们没有意识到的扫描过程的一部分，包括一种极细微的 200 周的局部扫描运动。说来矛盾的是，完全不动的眼睛，影像很快就减弱。眼睛不断地适应——与每一瞬间的基准点有联系，我们对影像的估计也随之而异。

视觉的奇妙和神秘实际上是由一个主要因素导致的，即**适应性**。在大多数情况下，这种适应性扩大了我们的**视知觉**范围。有时它过于灵敏了，结果使我们得到了含混的、不正确的判断或错视。对这一现象我们照明工作者必须要有一个清醒的认识……

光对人眼的视知觉强度不仅与光的能量大小有关，而且与光的波长有关。也就是说，人的眼睛对不同波长的光有不同的灵敏度。前辈科学家们经过大量的测试，得出了人眼感光灵敏度的定量函数关系，称之为**人眼的光谱光效率**。

事实证明，在明亮的光线条件下，人眼对波长为555纳米的**黄绿光**最敏感；而在昏暗的光线条件下，人眼对波长为507纳米的**蓝灰色的光**最敏感。

以上事实证明了这样一个原理，就是说，白天和晚上呈现给眼睛的视知觉对象的颜色是完全两样的。说到这儿我们不禁联想到对我们照明很重要的一种光线——月光。月光应该属于自然光。因为它是月球将太阳光反射到地球的光。同样是自然光，白天看日光是白色的，而晚上看月光是蓝灰色的。这个大家最常见的实例现象，又告诉我们一个真理，人的眼睛其实有两个光谱光效率。

1. 在明亮光线条件下的光谱光效率叫做**明视觉光谱光效率**。

2. 在昏暗光线条件下的光谱光效率叫做**暗视觉光谱光效率**。

从明视觉过渡到暗视觉，人眼最敏感的波长从555纳米过渡到507纳米，即向波长短的方向发生偏移。这一现象是由于人眼的视网膜上有两种感光细胞造成的。人眼中有**锥状**细胞和**杆状**细胞。锥状细胞能感觉到彩色，即有颜色感，但其灵敏度较低，在昏暗的光线条件下将失去作用。杆状细胞对外界物体只有亮度感，没有颜色感，但其灵敏度很高，在昏暗的光线条件下也能辨别物体。事实上我们每个人都有这方面的观测经验，你以前可能没有在意这个问题；说到这儿你不妨再试一下，是不是在很暗的光线条件下你观察到的有色物体都会失去它们本来的色彩呢？是不是看上去都是蓝灰色的呢？这就是视网膜上锥状细胞失去作用而只有杆状细胞在起作用的结果。

我再提示大家一下，你们注意一下电影、电视剧，无论是国外的还是国内的，室外夜景都是以蓝灰色光为基调。室内夜景凡是从门窗进来的月光都是蓝灰色的，配上屋里的夜间照明或台灯、煤油灯等，形成冷暖和谐的夜光效果。用来表示室外夜景气氛的调子也都是蓝灰色。因为人类的眼睛是有共性的，而艺术家们创作的艺术作品是以人眼的暗视觉特性为依据的。

艺术的创作规律是：艺术来源于生活，而又高于生活。**源**——追求写实光调的真实再现；高——视剧情内涵、情节、调度、场面，立意等，创立营造照明艺术的视知觉审美对象。

人眼有两个光谱光效率，这也是人类天生的生理现象上的自然生活本能。既然我们的艺术是描写人的生活，那么我们就要尊重生活。承认光的视知觉对象的明视和暗视的色别差异，继承人类的这一自然生活规律本质。而且，还必须在艺术创作上给予完美的艺术追求。

第七节　光的色觉与色温

我们在上一节已经分析了人对颜色的视知觉反应是受眼睛和大脑共同支配的。三原色理论认为：眼睛的视网膜是由三种不同感光元素镶嵌而成的。每种元素的反应分别对应于光学三基色——蓝、绿、红光的特定波长。这三种元素在反应中出现大量的重叠，并通过神经分别与大脑沟通。**色觉**就是这三种元素的有关刺激传到大脑，再经过大脑分析之后得到的。

大家已经知道，电视照明的主要光源是自然光和人工光。日光由于照射的时间、位置以及空气中的尘埃、雾气等作用程度的不同，会呈现不同的颜色。人造光源颜色的变化则更多，各种光源的不同光谱成分，也使其呈现出不同的颜色。不管我们是用自然光还是用人工光，只要是电影电视(照相胶卷）用光，都要用色温统一说话。因为，各国无论是制造电影胶片、照相用的胶卷，还是制造摄像机中的色温片，都是按照国际统一光源色温标准制造的。

要讨论和比较光源的颜色质量，我们用一个比较方便的“**速记**”法。这种方法就是色温测量法。就是将一个“**绝对黑体辐射体**”（一个不反射入射光的封闭的炭块）加热，然后注意它在逐步增加的温度下发射的光的光谱分布，产生的一系列光的质量的变化，按照产生各个曲线的温度进行曲线分类。

色温于19世纪由英国科学先驱开尔文研发。为了纪念他，色温以开氏温度来表示。以摄氏温度计，水的结冰点是0℃。开氏温标以绝对零点为零起点。开氏温标的绝对零点是−273℃。因此5500K实际上是5227℃。为了方便起见，开氏温标简写为K，省略了度数符号。

那么色温究竟是什么呢？色温就是光线颜色的一种标志，而不是光线的温度。如果给色温一个定义的话——**色温是表示光源光谱成分的一种指标**。

国际照明组织为什么要规定统一绝对温标呢？因为，光源繁多，各种光源的光谱分布不同。钨丝灯的光谱分布大体上与绝对黑体标准的光谱分布相同（钨在3650K左右融化，其色温为3650K），至于放电灯管和荧光光源，它们的光谱就不规则了，也不相同，因此对色温就不能正确地进行比较。而天然的昼光颜色质量也只是仅仅接近于开尔文温标的分类，但随时间与太阳照射的角度变化其光线色温也不相同。色温可能极具误导性，对许多光源来说（尤其是那些光谱能量分布呈间断性的光源），色温只是一种近似值，只能被称为相关色温。

没有规矩不成方圆。凡是和国际接轨的行业都有统一标准。国际照明组织对绝对温标进行标准统一：“3200K/低色温、5600K/高色温。又有暖色与冷色之称”。照相胶卷又有灯光型与日光型之分，各国科学家和制造商在制造影视摄录设备、胶片、胶卷、滤色片、色温片、影视专业光源灯泡等时，都必须按照国际统一标准执行。否则，属不合格的假冒伪劣产品。同样，若我们电视照明不严格按色温标准用光，那创作出来的电视画面画质肯定是不合格的。

人工光源光谱又分连续光谱,线状光谱和密集线状光谱(见图 3−7−1 至图 3−7−3)。连续光谱是我们电视照明的主要光线,有卤钨光、白炽光、三基色荧光。线状光谱只有黄绿光,其他光都是黑色,如低压钠灯、高压汞灯。密集线状光谱是我们模拟日光和月光的好帮手。如拍摄影视剧用的金属卤化物放电灯(镝灯)。金属卤化物灯是在高压汞灯的基础上发展的新光源,由汞放电光源变成金属卤化物放电光源。它依据的是由高到低,再由低到高循环性的发光原理。金属卤化物灯充填不同的材料,发出不同光波,以此组成光波谱线,和白炽灯不同,白炽灯依据的是热辐射原理,接近于黑体的发光过程,由低到高。

下面列三种光谱曲线图说明光谱的分布状况 :

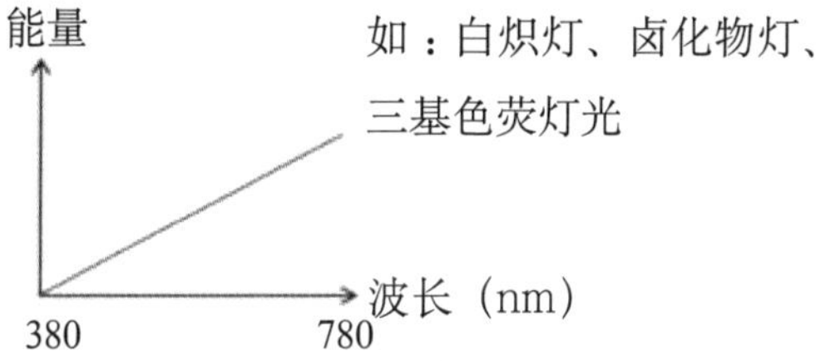

图 3-7-1 连续光谱

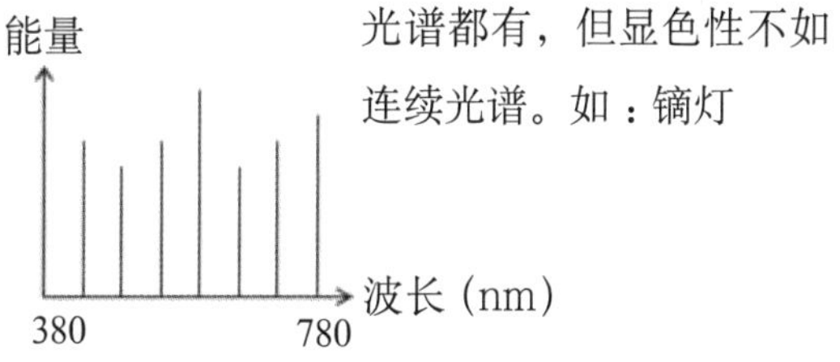

图 3-7-2 密集线状光谱

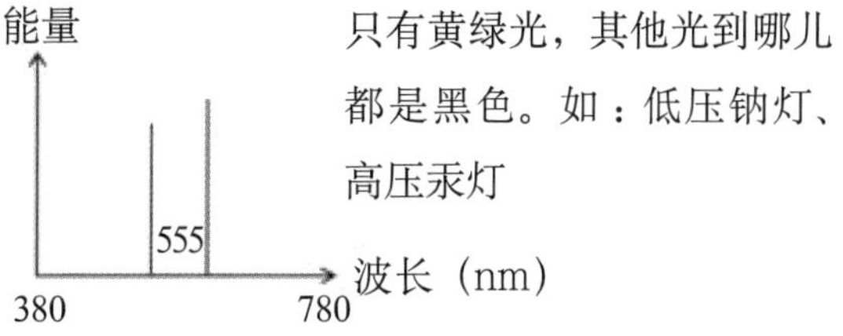

图 3-7-3 线状光谱

表 3-7-1 光的色温参考表

光源名称	色温(K)
日出后和日落前的阳光	3400
正常日光(上午 9:00 ~ 11:30)	5600
正常日光(下午 14:00 ~ 16:30)	5500 ~ 5600
薄云天(假阴天)	6400 ~ 6900
阴天	7500 ~ 8400
日落后半小时天空散射光	4500 ~ 6000
蜡烛光	1850
煤油灯光	1920 ~ 2050
马灯光	1920 ~ 2050
钨丝白炽灯光	2400 ~ 3000
新闻碘钨灯光	3100 ~ 3300
卤钨灯光	3150 ~ 3200
三基色柔光灯光	3200
镝灯光	5600
追光灯光	6000
电脑灯光	6000
电视屏幕光	9000 ~ 10000

注:此表色温指数只作为参考。因测试时的时间准确性、色温表所持角度和表的误差都会影响测量结果。因影响色温的因素太多,只能是概念数值。一切以此地、此时、此天、此物为准。拍摄前必须使用专业白平衡色卡调白并保持卡清洁,否则影响色温准确性。

第八节　光的亮度、色调和色饱和度

任何一束彩色光对人眼引起的视觉作用都可以用亮度、色调及色饱和度三量来描述,我们称之为“**彩色三要求**”。

亮度是指彩色光所引起的人眼视觉的明暗程度。亮度与光线的强弱程度有关,同一景物因光照的强弱不同会产生不同的亮度。例如:晴天在阳光照射下景物的彩色显得明亮鲜艳,而阴天景物则显得阴暗。

色调是指光的颜色。红、橙、黄、绿、青、蓝、紫表示不同的色调。如果改变色光的光谱成分,就会引起色调的变化。例如:将少量的绿光混入红光中,虽然看上去大体还是红色,但人们会察觉到色调已经有了变化。因为色光中增加了绿色光谱,随着绿光成分的增加,色调就由红色变为橙色,当绿光和红光成分相等时,色调就又变成黄色。

色饱和度是指颜色的深浅程度,即色的浓和淡。例如:两个聚光灯同时投光在白色屏幕上,一个投红光,一个投白光,两种光合成后呈淡红光。如果两种光的亮度相等,淡红色光的饱和度为50%。如果把白光关闭掉,红光的饱和度就为100%。因此,饱和度与色光中白光成分的多少有关。白光愈多,饱和度愈低,色就愈淡。单纯白光的饱和度为零。

本章思考与练习题

1. 电磁波的波长范围内都含什么光?
2. 光学的基本定律是什么?
3. 彩色三要求指的是什么?
4. 色温的定义是什么?
5. 漫反射光的特点是什么?
6. 人眼中的锥状细胞和杆状细胞的功能特点分别是什么?

第四章

电的基本知识与运用

本章内容提要

- ★ 照明天天要和电打交道。因为,照明在电视节目中创作出各种神奇动人的画面,依仗的是绚丽夺目的光,而光又是由电能转换而成的。
- ★ 照明师不但要掌握影视设备系统中的电器组成原理,更要熟悉电压、电流与电阻三者的关系,以及三相电源线电压和相电压、线电流和相电流的定义。

照明艺术几乎天天和电打交道,我们在电视剧和电视节目中创作出的五颜六色的光,分分秒秒都离不开电。光是由电能转换而成的,这个硬道理是毋庸置疑的。电视、电视,若没有电,电视也就不会存在。在电视节目创作过程中,从前期拍摄到后期制作都和电有着不解之缘。身为一名照明师、摄像师不懂电的知识,那才叫天下奇闻呢。

电视照明工作者不但要精通艺术,更要精通技术,技术是艺术的根基。如熟悉电压、电流与电阻三者关系等尤为重要。否则,不但无法正常开展工作,搞不好还会烧毁设备,造成人身伤亡。所以说和“电”这玩意儿打交道,可千万马虎不得!!! 电在理论数据上是非常严格的,理论上说不通决不能实施。

电的用处是很广泛的。这里我们着重讲一下与我们照明有关的基本知识，电视照明在演播室、电视剧中所用的配电系统以及供电使用和操作方法。

第一节 欧姆定律

1827 年，德国人欧姆在定量研究了电压、电流与电阻三者的关系后，发现以下关系成立：[①]

通过导体的电流与导体两端的电压成正比，与导体的电阻成反比。

这一发现被称为**欧姆定律**。

欧姆定律的内容是一个十分简单的比例关系，但它是分析电路时的一个最基本的定律，学习直流电路和交流电路的计算以及各种应用电路的分析计算都要根据欧姆定律来进行。

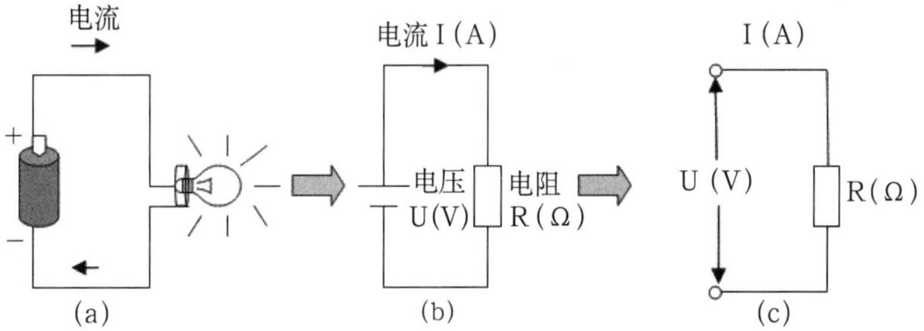

图 4–1–1 电路的表示方法

欧姆定律的正比关系规定为“在 1Ω 的电阻中流过 1A 的电流时，电阻两端的电压为 1V”，因此欧姆定律可表示成下式：

① 参见〔日〕五十岚孝仁、金子道夫、梅木一良：《电气施工基础与实务》，科学出版社 2004 年版，第 12 页、第 13 页。

$$\textbf{电流}=\frac{\textbf{电压}}{\textbf{电阻}} \tag{1-1}$$

设电流为 I (A)、电压为 U (V)、电阻为 R (Ω),则式 1–1 可改写为 :

$$I=\frac{U}{R} \tag{1-2}$$

根据用途对式 1–2 进行变换,得到以下重要关系式 :

$$\textbf{电阻}=\frac{\textbf{电压}}{\textbf{电流}},\ \textbf{即}\ R=\frac{U}{I} \tag{1-3}$$

$$\textbf{电压}=\textbf{电流}\times\textbf{电阻},\textbf{即}\ U=I\cdot R \tag{1-4}$$

问题 :有电阻为 50Ω 的镍铬线,两端加 100V 的电压时,线中将流过多少安〔培〕的电流?

解答 :用式 1–2 求取镍铬线中的电流。

电流 = 电压 / 电阻,即 I=U/R = 100V/50Ω = 2A

要在理解的基础上灵活运用上面三个重要公式。

第二节 星形连接及其电压和电流

电视照明的供电系统采用的是“星形接法”的供电模式。目前,我国低压供电是采用三相四线制,交流 380V、50HZ、相电压 220V。系统接地形式是采用 IEC 标准中的 TN–S 系统,即整个系统的中性线和保护地线是分开的。

由于演播室灯光供电为三相不平衡负荷,中性线有电流流过,故不采用接零保护。为保证人身和设备安全,所有灯光设备的外壳均与保护地线相连。

一、三相交流电源的两种接法和两种出线方式①

为了大家便于熟记，引用才家刚先生编写的电工口诀：

三相接法有两种，一个三角一个星。
角接三相围一圈，三个定点三相线。
星接三尾联一点，联点叫做中性点。
三首引出三相线，中点出线中性线。
相线俗称叫火线，中线俗称叫零线。
星接可出两种线，三相三线和四线。
三相三线无零线，三相四线有零线。

我们日常使用的三相交流电是由三相交流发电机发出的，但除了自备的低压交流发电机以外，对于电网提供的三相交流电，一般都要通过变压器将输电线路输送的高压电变成低压电后再供电气设备使用。

变压器输出低压电的三相绕组有如下两种接法：

1．三角形**接法**（简称角接法）　这种接法是第一相的尾端和第二相的首端相接，第二相的尾端和第三相的首端相接，第三相的尾端再和第一相的首端相接。这样形成一个"环"，口诀说"**角接三相围一圈**"。若把三相绕组的每一相看成三角形的一条边，则形成了一个三角形（对于三相对称电源，则为一个等边三角形，在三相电源中，除非另加说明，一般都应理解为三相对称电源），所以被形象地称为三角形接法（简称角接法）。三角形的三个顶点引出三条电源线，我们把这三条电源线叫做三条"相线"，相线俗称"火线"（见图 4–2–1）。

① 参见才家刚编著：《电工口诀》，机械工业出版社 2005 年 4 月版，第 90 ～ 92 页。

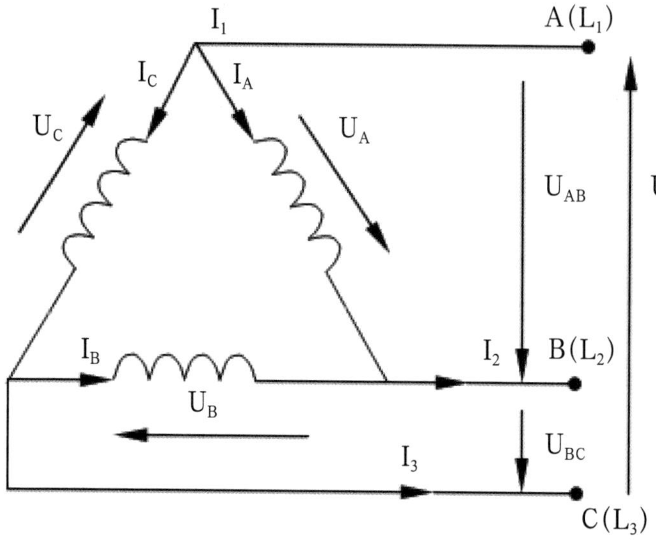

图 4-2-1 三角形接法（简称角接法）

2．**星形接法**(简称星接法) 多相电器设备中,对应于每相的各绕组、导线或电器设备的一端接到一个公共点上,另外一端接到供电系统相应的导线上,此接法叫星形接法。在三相系统中,此接法又叫“Y”形接法。

连接的方法是 :将每相的尾端连接在一起,这一点叫做中性点(俗称“零点”)。由中性点引出的电源线叫做中性线(俗称“零线”)。绘制电路图和相量图时,三相绕组向三个方向伸展呈放射状,就像一颗放光的星星,所以被称做星形接法。

星形接法有两种出线方式 :

一是只将三相绕组的三个首端引出,作为三条相线,叫做“三相三线制”。

二是增加一条中性线,叫做“三相四线制”(见图 4-2-2a 和图 4-2-2b)。

三条相线分别用符号 L_1、L_2、L_3 标注,也可用字母 A、B、C 或 a、b、c (大写用于变压器或调压器等变电设备的输入端,小写用于输出端) 标注,交流电动机等电气设备进线端用字母 U、V、W 标注。中性线用字母 N 标注。

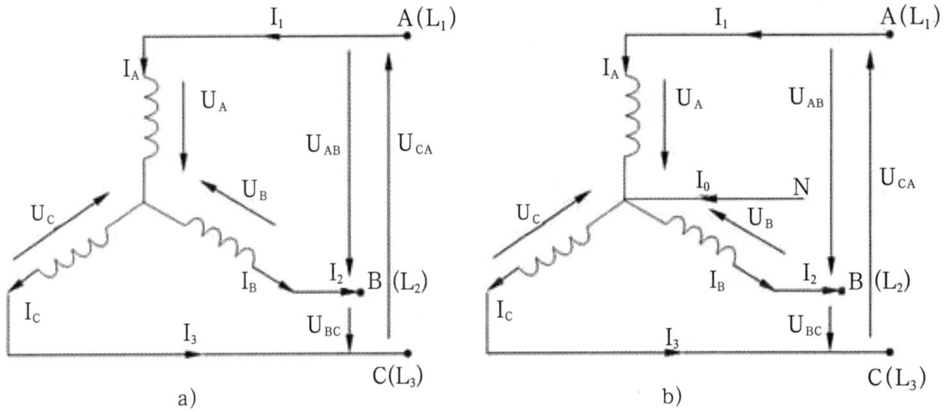

图 4-2-2 三相交流电源的两种接法和两种出线方式

a) 星形接法(星接法)
三相三线制

b) 星形接法(星接法)
三相四线制

二、三相电源线电压和相电压、线电流和相电流的定义

口诀：

三相电压分相、线，火零为相、火火线。

三相电流分相、线，绕组为相、火线线。

对于三相电源，其输出电压和电流都有相和线之分，分别叫做“相电压”、“线电压”和“相电流”、“线电流”。

对于电压，**相电压**是指火线与零线之间的电压，即口诀中所说的“**火零为相**”。

提示：**火线与零线之间的电压为** 220V。

线电压是指火线与火线之间的电压，即口诀中所说的“**火火线**”。

提示：**火线与火线之间的电压为** 380V。

由三相电源的两种接法可以看出，对于星形接法，可存在上述两种电压值；对于三角形接法，由于没有零线，所以好像只能有线电压而不存在相电压，实际上不是，因为相电压的严格定义是“每一相绕组两端的电压”，所以说，三角形接法中相电压和线电压是相等的。

对于电流，相电流是指流过每一相绕组的电流，即口诀中所说的“绕组为相”；线电流是流过每一条火线的电流，即口诀中所说的“**火线线**”。

三、电功率与电能

机械演播室吊杆升降动力使用的电动机、灯光照明设备，家庭中使用的电热器以及照明器具等都是利用**电能**为我们工作的例子，显然，这里所说的工作就不仅仅是用力**做功**了。

电能在日常生活中的应用极为广泛。电热器可以把电能转换为热能，照明灯可以把电能转换成光能，电动机可以把电能转换成机械能，等等。

很显然，把电能转换成其他形式能量时，需要消耗一定的电能。电能消耗的快慢可以用电功率表示，电功率可以用每秒钟所做的功来衡量。电功率的单位为 J/S（焦〔耳〕每秒）或 W（瓦〔特〕）。

电功率可表示成下式：

电功率（W）＝电压（V）× 电流（A）

电功率是用来衡量单位时间内电能的大小的，当需要表示在某段时间内的电能的大小时，只需用电功率（W）乘以时间（s）就可以了，即：

电能（Ws）＝电功率（W）× 使用时间（s）

本章思考与练习题

1. 欧姆定律是什么？
2. 什么叫星形接法？画图并注明 220V 和 380V 的构成。
3. 三相交流电源的两种接法和两种出线方式口诀是什么？

第五章
色彩学与照明语言

本章内容提要

★ 强调光源、物体与色彩的关系，在大型文艺晚会和电视剧中，如何利用现代科学技术、艺术，对色光进行设计、运用，并通过客观的分析和影像记录条件的调节，使景物的色彩正常再现于电视画面中。

★ 通过对色彩与照明色彩语言的联想及象征意义的理解，进入创造性的思维，进行特定内容感情色彩的渲染。

★ 在影视节目制作中，要根据表现主题、发展情节和渲染气氛的需要，认真选择、严格控制、准确调节画面色彩；合理地运用色光的混合规律与透光规律；恰当地组合景物色彩。这样不仅能使人感到醒目、清新，还会让人把留在心中的印象和感受作为色彩思维与创造的素材。

★ 黄、品、青任何一色的物体，当被三原色光或间色光照明时，会显现出照明色光的色彩。而红、绿、蓝任何一色的物体，当被黄、品、青或间色光照明时，原物体色不变。

彩色电视在全人类心目中的地位超出任何娱乐工具，茶余饭后几乎家家都重复着电视频道的选择。色彩斑斓的文艺节目,的确让人赏心悦目。殊不知电视上绚丽色光的背后,流着多少照明人员的汗水。有时坐在电视机前欣赏自己的作品,那种感觉甭提多舒坦了。但这种享受是辛勤学习、实践磨炼换来的。过去搞照明的不被人重视,可现在不能这样说了。我们照明工作者掌握着彩色电视七色光的“**生杀大权**”。照明的语言是很丰富的,人们已经在现实生活中,根据自己的审美心理,通过辛勤劳动创造了美好的彩色世界,使我们在创作视觉艺术色彩时有了可供参考的依据。但是,从色彩应用的角度来看,生活毕竟不同于艺术。视觉艺术,尤其是文学类的电视节目,是相互关联的整体,只有统筹兼顾才能获得完美的色彩艺术效果。因此,在电视节目的色彩设计中,对现实生活所提供的色彩素材必须经过提炼、组织和加工,创造与节目内容更贴近,情感更准确,图像更透彻、更绚丽,比现实生活更完美的艺术形象。

但光线自己是不会说话的,画面色彩是靠照明师导演的;若违背色彩设计的规律,就必然使电视节目色彩情不符题、支离破碎、混浊不清,看不出总体构思与局部之间的关系,这样,也就失去色彩应用的意义和价值了。更甚者造成色温严重失衡,画面模糊不清。其后果,可能会造成难以弥补的损失,而自己也留下了一件遗憾的艺术作品。

你是干照明的,就要精通自己的专业知识。所以,我们必须研究色彩学,正确运用色彩光为我们电视节目服务,运用色彩光为各种电视节目创作出有诗意、有意境、有品味、有感情色彩的照明语言。

第一节 影视节目色彩的设计与运用

彩色时代飞速发展,人们对彩色电视节目欣赏的苛求度越来越高。创造视觉艺术画面的照明师与摄像师面临着严峻的挑战!那么,色彩光在电视节目中又该如何设计运用呢?

一、大型文艺晚会中的色彩设计与运用

一台晚会要有总基调、总高潮。每个节目也要有一个基调、一个小高潮。一台文艺晚会往往又有一个较为热烈的开场歌舞。它在编排上是体现晚会主题内容又是吸人眼球定基调的节目。与开场歌舞相对应的便是结束歌舞,它同样是体现晚会主题的总结性的大型节目,它更具有渲染力和画面的张力。因为,这时的观众已看完了所有节目,情绪已处于被晚会气氛感染的兴奋之中,这时观众渴望感受的不再是铺垫,而是将情绪再次推向高潮。就像每一首歌最后一句总是那么长、那么亮、那么有回味儿……

这些基调、高潮、起承转合的节奏韵律在画面体现上是靠什么实现的呢? 是靠绚丽的色光,是靠冷调、暖调这两大色调在唱主角。为了渲染某种气氛,达到某种艺术效果,在一定的节目、一定的场面中,是通过色光照明来烘托歌舞的内涵,用明亮的色彩、明快的色光节奏变化,对人眼视网膜中的红、绿、蓝三种感色纤维的刺激比例,让观众的视觉心理与电视节目产生共鸣,从而达到电视节目本身的艺术效果。

比如:舞蹈类节目,群舞是通过舞蹈演员形体动作,队形变换来表达艺术美的表演形式,照明色调、艺术气氛设计把握非常重要。表现江南风光的舞蹈配以草绿色的逆光,能使观众有亲临青山绿水之感,适当地加以干冰和清淡的烟雾,更能描绘出清烟缭绕的高雅之美。如果是热烈激昂的舞蹈,配以橙红色基调,加电脑灯动态白光束条柱,能引起观众的视觉兴奋,唤起积极向上、热情奔放的青春感受。而蓝色调的气氛光对表现宁静忧伤的场景有独到之处(此蓝色调指的是雷登 82 色温纸,而不是蓝色纸)。

舞蹈表现的意境不同,色彩联想的色光变换也随之不同,要达到声、光、舞和谐统一,使电视画面富有诗意。表现整体意境的群舞中,演员的面部并不是要表现的主要画面,要降低面光的强度,增大侧光、逆光的照明,突出演员的形体美和服装的质感。特别要提醒大家的是,群舞的服装本身就富有华丽多彩的美感,编舞导演在设计服装色彩时就考虑到意境色彩的联想。尽量用侧逆白光勾画其形体轮廓的造型美感。若要体现场景基调,也不能只用一种色光把人家的服色染成一种颜色,否则不但不能烘托气

氛,反而与编导者的创意背道而驰。

如家喻户晓的群舞《千手观音》,演员身着金色服装,头上珠光宝饰。其本身的服装设计色彩,足以透出编导者独具匠心的创意。节目一开始,照明师在演员背后设置了光芒四射的激光灯,配以晶莹剔透的金黄色光,让人眼前一亮。但节目后来却不断地轮换照射蓝色光与紫色光,而蓝、紫光明度较差,又属冷色调,色调变了,情感联想随之而变。

设计色彩必须根据画面中各种色彩因素、色彩特征、色彩关系选择运用色光,采用标志灯光色纸的染料三基色数式的加合法进行分析用光,是较为科学的照明设计理念。

双人舞或独舞,由于人数少,所有的表演都集中于一两个人身上,演员的面部表情反而显得重要起来,这时又成为电视画面的主要表现对象。加正面追光灯是国际通用法,加之强烈的后侧追光有力地勾勒出演员的形体轮廓,将演员从周围环境中突显出来。电脑灯的合理运用也产生很好的艺术效果,配合舞蹈节奏的光斑游动变换,能将“点”上的表演辐射到整个舞台的“面”上。

二、色彩基调的设计与运用

影视节目的色彩基调是构成画面情节、表现主题的各个镜头的色调及其相互关系使观众感觉到的总的色彩倾向。它是在节目制作中通过人物的服饰色彩设计、环境的色彩设计、色彩光效的设计创造出来的。色彩基调可以通过色彩的多种倾向来表现。比如:温暖、鲜艳、明快、灰暗、阴沉、清冷、浅淡、柔和、浓重、粗犷,以及具有某种寓意的色彩倾向,等等。影视节目的主题是色彩基调设计的主要依据,它对观众视觉的刺激及心理的影响,应与节目总的情绪内涵、总的节奏气氛相吻合。

如,1996年台湾歌星文章来浙江卫视参加《八月十五月亮圆》文艺晚会。文章唱了一首《故乡的云》,该曲基调设计为阴沉“冷调”,用孤立的追光冷色光线跟踪照明,悲伤的声调与孤冷的光调,形成了强烈的“回归渴望”。当他唱道“归来吧!归来吧!”天幕上突然闪现红色的光芒。暗示他:

归来吧，祖国人民欢迎你。

文章唱完后，激动地跑到灯光控制室握着我的手说："《故乡的云》，我在日本、香港、马来西亚等国家和地区演唱了上百场，没有一个灯光师这样用光，正合我意。以前我早有这样的想法，但我说不清。今天老师如我心愿，我一定把录影带带回去，我宁可推掉一场演出也要带走这个带子……"文章要和我合影留念，回到台湾，还让经纪人写来一封感谢信。

色彩基调虽然是通过某种色彩倾向表现出来的，但并不是千篇一律地限定在一种色调范围之内。如，有些电视晚会好像走入了一种怪圈，表现冷色基调非要用蓝色表现，有的晚会甚至用的是蓝色纸，从头至尾一蓝到底。有些节目并不是非用蓝色才可表现冷调，如果压低基调光和面光，使其成为较阴沉的低调，同样能表现节目的冷调内涵。

设计基调主要是依附节目情节的发展、起伏，变换着色彩特征与组合方式，通过色调的烘托与反衬，或通过某种内在的联系，形成一种既有变化又有统一的色彩基调。有些节目中，由于表现主题和发展情节的需要，倾向基调会较长时间出现在节目中，有时对比色调仅仅出现在场景瞬间，稍纵即逝，但却形成了强烈鲜明的冷暖对比效果。

《故乡的云》就是遵循这样的色调理念进行设计的，整首歌曲几乎全部处理成阴沉、孤冷的低调。游子那悲伤渴望的声音，压抑凄凉的照明光线与诉说海外游子沧桑的歌唱演员，引起观众的怜悯与共鸣。整场气氛显得那么压抑与阴沉，观众被感人的声画所折服，场内一片宁静。只是唱到"归来吧！归来吧！"仅在唱第二次"归来吧"时，天幕上才闪现了一下语言化红光，召唤海外游子归来……较长时间的倾向阴沉冷调与瞬间闪现的暖调相映生辉，照明基调语言暗示了节目的内在主旨，突出主题色调及其相互关系，使观众感觉到总的色彩倾向。

色彩基调的设计理念是：通过色彩特征的对比，恰当处理局部与细节的关系；通过色彩面积的对比及轻、重色彩位置的选择，突出基调，烘托主体；通过中间色彩的加入，增强冷暖色彩的对比程度，变化与统一画面的色彩；通过鲜明色彩的布局与稍纵即逝的瞬间点染，强化照明语言，引导观众视觉，凸显画面张力。

第二节　彩色影像的色光作用原理

电视画面中的色光我们称之为色调光、也可称效果光，起烘托气氛，引喻意念的作用，是主题的无声语言，内涵的潜台词画调。既然色光在影像中作用如此之大，下面就让我们一起来剖析其作用原理。

我们首先要知道，当两种以上的色光同时作用于人的眼睛时，就会使人的视觉产生另一种色光的感觉，这种现象就叫**色光的相加**。

下面的公式就是等量的色光相加后而产生的各种色彩：

红＋绿＝黄

红＋蓝＝品

蓝＋绿＝青

红＋绿＋蓝＝白

由此还可以得出另一种公式：

红＋青＝白

绿＋品＝白

蓝＋黄＝白

从上面的公式中我们可以得到：白光的三对色光叫做互补色光；**也就是把青、品、黄分别称为红、绿、蓝的补色。**

把黄、品、青这三种染料又称为染料三基色。

染料三基色——**黄吸收蓝，品吸收绿，青吸收红。**

关键词提示：补色是青、品、黄；怎么黄、品、青又被称为染料三基色了呢？只不过青和黄换了个位置而已嘛。这就是我要提醒大家的关键词。许多同学在这个关口往往容易被卡住。为了让大家清楚地认识青和黄**换位**的原因，我特地画了一张补色和染料三基色的方向对位图（见彩图2）。

六角色标图外围有两圈虚线，每一圈虚线中有三个箭头，分别标出色光变化的科学规律。内圈白箭头标注青色光、品色光、黄色光，同时逆时针方向移动，分别与红、绿、蓝三原色光相加而均变成白色光，它们被称为白光的三对互补色光。大家顺箭头方向看，当青色光移到红色光时，品色光、黄色光分别到达绿色和蓝色。反之，当青色光到达红色光时，品色光到达的地方就不是绿色而是蓝色，黄色光到达的地方也不是蓝色而是绿色。这样一来，补色不像补色，更谈不上所谓的互补色了。所以青、品、黄逆时针方向移动才是合乎科学规律的。光谈方向不谈原理似乎还没解释清楚，色光的科学规律又是什么呢？大家仔细想一想，三原色光红、绿、蓝三者相加才能成为白色。为什么一个补色光和一个原色光两个色光相加就会变成白色呢？因为补色光代表的是两个原色光。如黄补色光是红、绿原色光生的“孩子”，它身上有红、绿色光“血统”，黄色光完全有权力代表父母和蓝色光会谈，所以它和蓝是互补色。如果让它和绿色相加，岂不是乱套了吗？所以它必须走逆时针方向，去和蓝光对位，才符合色光的自然科学规律。

为了更清楚地了解认识色光的混合、滤减生态平衡，我用生态心理推断法把色彩家族比喻为祖孙三代：原色光为祖辈、补色光为父辈、间色光为孙辈。可能有人会说我这样比喻不合适，但我认为，用这样的心理推断法更容易领悟理解，更能深入浅出、削繁为简地系统阐述色彩学的脉络和结点。通过多年对色光的研究分析，笔者发现，色彩学之所以被人们认为复杂烦琐，其关键就在于某些症结部位，只要切中脉络，打通关节，削繁为简，就能一通百通。

参照补色与染料三基色方向对位图（见彩图 2），来分析染料三基色为什么要和补色青、品、黄互换，染料三基色才能成立（青和黄换，品始终不动）。图中外围虚线标注蓝、绿、红三种颜色箭头，分别沿顺时针方向移动。蓝箭头标注在黄色位置，说明黄吸收蓝，黄色必须移动到蓝色位置，这一组染料三基色才能行使它们的应有权力。也就是说，只有沿顺时针方向移动，才会准确地到达执法位置。因为当补色身份变为染料三基色时，它们的执法对象就是它们的父辈红、绿、蓝三原色。面对自己的亲人，它们怎么忍心吸收呢？而且科学规律也不允许啊！因此它们各自去找与自己没有血缘关系的原色。公式为：

Y−B　即黄对蓝

M−G　即品对绿

C−R　即青对红

大家看，上面公式清楚地告诉我们，实际上原补色青、品、黄的青和黄首尾换个位，即刻变成染料三基色顺序，仅此还不完全算作染料三基色，必须和三原色对应，形成功利公式，方能成为货真价实的染料三基色。既然补色青、黄换位，那么三原色红、绿、蓝中的红和蓝也要首尾换位。只有换位，才能避开血亲相互残杀的现象，才能组成染料三基色的功利公式。染料三基色的排列顺序：黄、品、青；三原色排列顺序：蓝、绿、红。即：

黄吸收蓝；

品吸收绿；

青吸收红。

这样顺序的组合，才是完整的染料三基色的正确公式。请同学们试想一下，如果它们不换位，就会乱了章法。人类就是利用色光这种严格的科学规律进行发展与创造，利用染料三基色对三原色的吸收浓度，来创造我们所需要的各种色光与滤色片、色光纸、摄影胶片，来在影视节目中运用色光。

下面咱们根据染料三基色的吸收特性来做一下实验，大家就会更加清楚染料三基色系统对我们影视艺术作品的创作有什么贡献。现在咱们用阿拉伯数字 2、1、0 作为染料三基色吸收原色光的浓度系数做实验：

"2" 作为各染料能全部吸收相应原色光的浓度系数；

"1" 作为吸收一半原色光的浓度系数；

"0" 作为不吸收原色光的浓度系数。

则可以按黄、品、青的顺序，组成染料三基色数式来标志相应的色彩。为便于快速辨认与速记，首先必须牢记染料与原色对应排列顺序，辨认数式的时候可省略黄、品、青三个字，直接用数式去对应蓝、绿、红即可。如下所列：

2/2 － 0=（红）	1/2 － 0=（粉）	0/2 － 0=（品）
0/2 － 1=（紫）	0/2 － 2=（蓝）	0/1 － 2=（天蓝）
0/0 － 2=（青）	1/0 － 2=（翠绿）	2/0 － 2=（绿）
2/0 － 1=（草绿）	2/0 － 0=（黄）	2/1 － 0=（橙）
2/2 － 2=（黑）	0/0 － 0=（白）	1/1 － 1=（灰）

以上这些用数式来标志的相应的色彩，都是通过从白光中减去一定比例的蓝、绿、红光形成的，如染料三基色数式是2/1－0，黄染料为最高浓度，全部吸收了白光中的蓝光。品染料为最高浓度的一半，吸收了白光中绿光的一半，另一半反射出来。青染料吸收原色光的浓度系数为零，使白光中的红光全部反射出来，于是红光和绿光以二比一的比例混合（2R + G），所以为橙色。

此外，不同量的红、绿、蓝三原色光相加，还可以得到不同的其他色光，这就是电视录像所用的加色法成像原理。

染料三基色数式也可以理解为黄、品、青三基色染料以不同比例混合后再现的色彩，也就是说三原色光再现的色彩（见图5-2-1）。

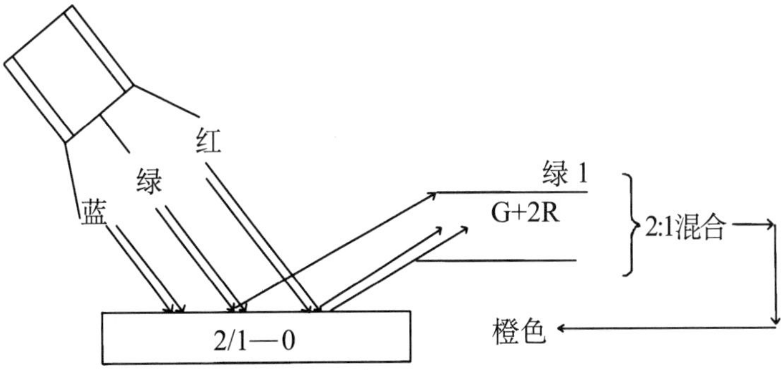

图5-2-1 染料三基色数式示意图

关键词：减色法成像原理适用于彩色负片；而加色法成像原理适用于电视录像。

色光的相减和相加是截然不同的两种概念，必须严格地加以区分，否则就会得出错误的结论。

例如：用红光加绿光可以得出黄色光。但是，把红色透明片和绿色透明片重叠起来(两原色叠加拦截所有色光原理)，不但看不到黄色光，反而会由于白光中的三基色(三原色)红、绿、蓝分别被拦截而变成黑色了。所以我们必须清楚地认识到，色光的相加是指两种以上的色光同时刺激视觉神经而引起的色效应；色光的相减是指从白光中减去某些色光而形成某种色光的结果(减色效应)。只要我们掌握了加色法成像原理，在电视录像的实际操作中，就可以正确地运用各种色光，得到完美的彩色影像。

第三节 色光照明的基本规律

影视照明中用的色光是通过一定比例的蓝、绿、红三原色光混合形成的，根据所采用方法的不同，分为加色混合和减色混合。加色混合是使具有一定照度的蓝、绿、红三种色光在被照景物上混合，其效果符合色光混合的规律；减色混合是用灯光纸调整白色灯光中蓝、绿、红三原色光的比例，使形成色光，直接照射景物。这两种色光从照明相比，仅仅是混合方式及应用场合不同，但从对物体色彩的影响来看，效果是一样的。

物体在色光照明下同在白光照射下相比，是否改变颜色，是由照明光源的光谱成分(含蓝、绿、红三原色光的比例)及这个物体吸收特性决定的。如果照明色光中含有这个物体所能反射的原色光及其光量，则这个物体与在白光照射下的颜色是相同的；反之，照明色光中的三原色光种类及其光量发生变化，而不能使被它照射的物体充分发挥它的反射特性，那么该物体的颜色就与在白光照射下的颜色不一样。

同一色彩的物体在不同色光的照射下，往往会显现与白光照射下不同的色彩，这就是我们照明人员，特别是照明师，为什么一定要学习、研究色彩学的原因。色光就是我们手中的彩色画笔，我们必须非常熟知各种色光照明的基本规律，才能绘制亮丽透彻的电视画面。这是一个照明师所应具备的最基本的常识。

由于光源与物体吸收特性的关系，被照射物体也会显现出与白光照射下相同的色彩（如红色物体在浅品和浅黄色光照射下，同在白光照射下显现的色彩相同）。在白光下本来色彩不同的物体，在某种色光照射下，也会显现同一色彩（如在白光照射下分别显现黄色和品色的两个物体，在红光照射下均显红色）。

色光照明的规律是：具有一定明度的消色物体在由等量的原色光组成的色光照射下，显现出与光源同调的色彩；由两种原色以各种比例混合形成的物体的色彩，当被含有足量相应原色光的色光照明时，不改变原来在白光照射下显现的色彩；可当被照物体的色彩与照明色光为互补色调时，则显现出黑色、灰色或相应色调的浊色、彩灰色。对于我们照明、摄影专业人员来说，掌握照明光源的组成与被照物体色彩显现的关系，对设计色光照明是非常重要的。因为每当变换一种照明色光时，都会影响整个电视晚会场景气氛的色调、色彩间的组合关系及某些色彩的联想语言。对于这些导致画面色彩构图变化的因素的把握与运用，往往又是受照明师个人积累起来的全部经验和个性心理特征制约的，若没有对色光的精通思路，做到心中有数，就可能会顾此失彼，造成设计中不可挽回的遗憾和不良后果。

在色光照明中涉及的光源与物体吸收特性的关系及色彩的显现，可以通过标志色彩的染料三基色数式的加合表现出来。比如：在晚会现场，导演感觉某青色景片不太亮丽，与下一个群舞节目不协调，要求照明师把该景片改成草绿色，再把另一蓝色景片变成橙色。对导演这一要求，我们该如何处理呢？如果我们清楚染料三基色与物体吸收特性这一关系，就会马上对导演这一要求作出反应：青色（0/0–2）变草绿色（2/0–1），从染料三基色数式上可以看出，青色（0/0–2）中缺少红色（2/2–0），草绿（2/0–1）中缺少蓝色（0/2–2）与一半的红色（2/2–1）。所以说这个景片的颜色容易改变，照明师只需要在白光前加上草绿色灯光色纸即可。但蓝色景片变橙色景片是无法做到的，因为蓝色是原色，橙色是间色，按照色光滤减的原理，原色物体被补色光与间色光照明时，仍显原色；补色物体被原色光或间色光照明时，显现照射光的颜色。根据染料三基色数式分析也可以看出，蓝色（0/2–2）第一数字为0，即全部反射，而橙色（2/1–0）第一数字为2，本身不带有蓝色光，又怎能反射出蓝色光呢？蓝色（0/2–2）第二数字为2，即全部吸收，无光反射。当然橙色（2/1–0）第二数字为1，在蓝色无光反射的物体上，橙色（2/1–0）第二数字上的1被吸收。蓝色（0/2–2）第三数字为2，橙色（2/1–0）第三数字为0，自然也被吸收。故蓝色景片无法变为橙色景片。既然明白了色光照明与物体显现特性这一原理，我们可以马上做出反应，与导演进行协商（如图5–3–1、图5–3–2）。

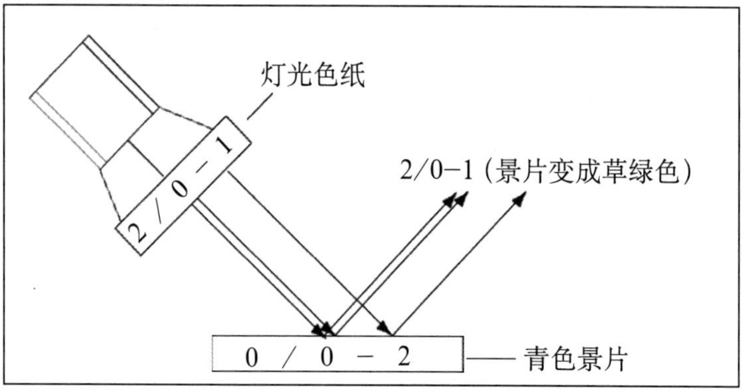

图5–3–1 物体被照射后的显色效果

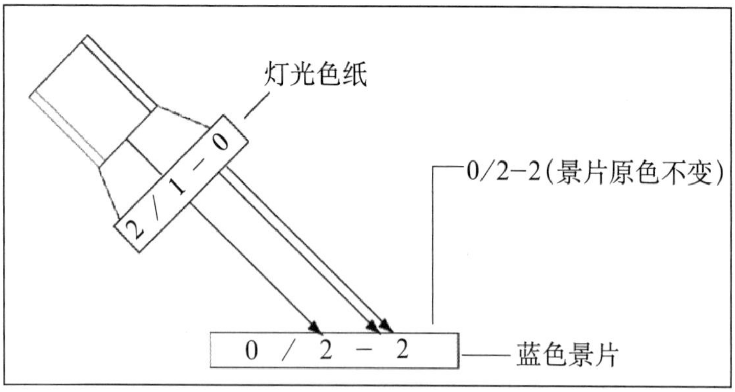

图5–3–2 物体被照射后的显色效果

电视照明用光最讲究的是明暗反差。同样，色光照明更讲究的是色彩明度的反差，也就是说你想以哪一种阶调占画面的统治地位。因为不同色调会使人们产生不同的心理感受。当你用色光照明手段来调节场景中色彩反差的时候，就需要突出某一种色彩，压低另一种色彩。因此，在选用的标志灯光色纸的染料三基色数式中，既不应有吸收要突出的景物反射光的染料，又该有吸收要压低的景物反射光的染料。比如：要突出场景中的绿色，就要压低品色、浅品、深品、粉色、红色、紫色和蓝色。那你应该选用的灯光色纸是：浅黄、黄色、浅青、青色、翠绿、草绿和浅绿。应根据色彩所需程度，对灯光色纸颜色做适当的选择。

大型综艺演播室演区的白色天幕，过去通常用 4×1.25KW 天幕灯照明，四联中分别加红、绿、蓝、黄灯光色纸。采用的就是加色混合的照明方法，能使天幕显现多种色彩的色光变化。拍摄场景或人物的时候，也可以用加色混合的照明方法进行照明艺术创作。不像有的照明师总是用一种色光照明，往往是顾了一头，却损了另一头。在这儿我要提醒大家的是，一定要清楚场景中的人物、各色的服装、各种颜色的布景。你若只用一种色光，岂不把整个场景都染成一个颜色了，且不说电视画面的层次、透视、清晰度不会令人悦目，更重要的是扼杀了编导、服装、美工师们的辛勤劳动，而且，色彩的联想内涵也就显得单一了。特别是个别照明师，错误地把蓝色灯光纸加在白光前，定为"冷调"色光，不但画面混浊不清，而且人物的脸给弄成"青面獠牙"，这都是不研究色彩学"闯的祸"。

第四节　色光照明的透光规律

电视用光非常讲究，它和舞台剧有质的差异。电视照明是为高科技摄录设备服务的，舞台是为观众眼睛服务的。眼睛适应性极强，在很低的照度下能辨别出被摄物体，而电视设备是按科学轨迹进行显影显像，轨道是不能偏离的，特别是电视剧和电视文艺晚会用光，在照度和色度、色温上要求极为严格。熟知照明光线的特性、规律后方能担当照明设计的重任。尤其是色光有其科学的透光规律，不遵循照明色光特有的科学透光规律，必将导致照明视觉心理与照明语言的失误，严重损坏电视画面的画质与光效。

当我们为某场文艺晚会设计布光时，一般均会在演区顶部悬挂多道基调回光灯（加换色器），此光既是基调色光又是基础光中的顶逆光。大型文艺晚会中的色光、基调光变换，都归功于它们通过换色器中的色纸进行色光透射。换色器色纸颜色有 8 色与 12 色之分。电视演播室安装换色器不宜过多，8 色足矣。一般来说，换色器色纸排列顺序为金橙、金黄、雷登 82A、雷登 85A、中红、草绿、金琥珀、肉色、白色。

值得注意的是，你在使用换色器前，是否曾经仔细地检查过换色器中的色纸颜色型号呢？哪些色纸是供舞台戏剧用的？哪些色纸又不适合电视摄像用呢？这个问题看上去仿佛是件小事，但对摄录设备来说却是至关重要的大事。

因此电视晚会色光的使用，首先要掌握的是原色光透光、补色光叠加的基本透光规律与原理，明白了色光的透光规律，你在色光纸的选择与使用上，才会有目的地去创作清澈透亮的电视画面色调。下面让我们通过图例的方式，来认识色光的透光规律。

一、原色光透光规律

原色光只允许同本色原色一致的色光透过，而拦截了另外两种原色光。如图 5–4–1 ：

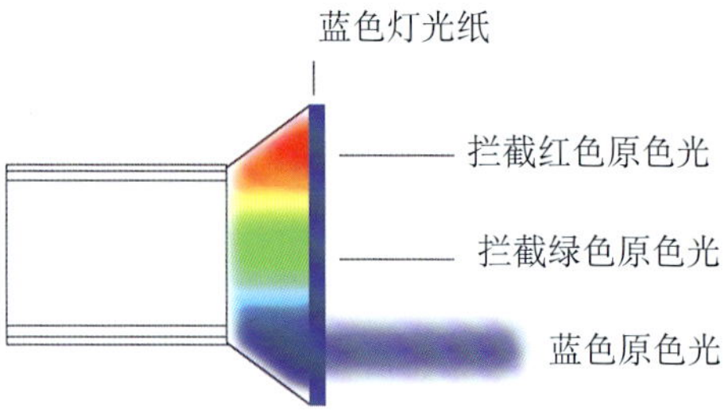

图 5–4–1 原色光透光规律

二、补色光透光规律

补色光只允许补色光和形成这一补色的两种原色光透过。

如图 5–4–2：

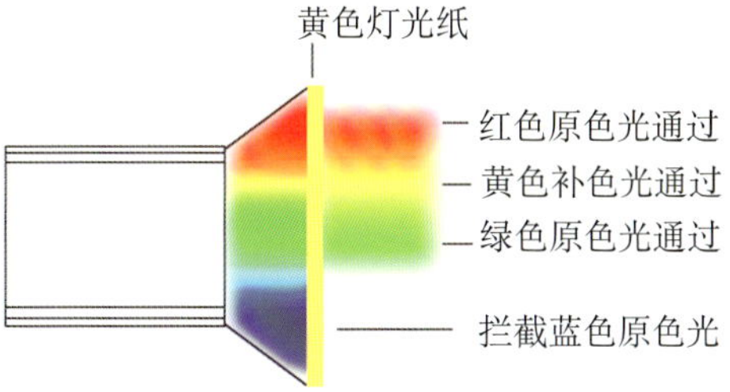

图 5–4–2 补色光透光规律

三、两补色叠加透光规律

两补色叠加后，只允许两补色共有的原色光透过。

如图 5–4–3：

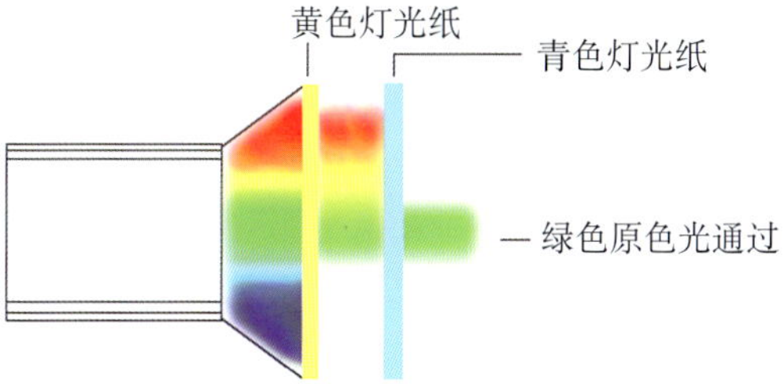

图 5–4–3 两补色叠加透光规律

四、两原色叠加透光规律

两原色叠加后，阻止所有色光透过。

如图 5–4–4：

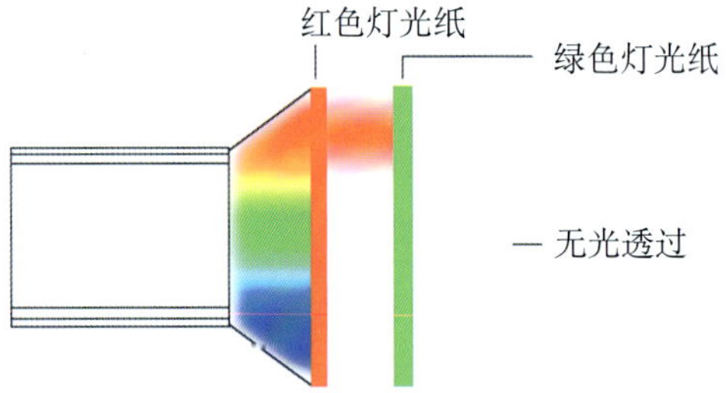

图 5–4–4 两原色叠加透光规律

五、三补色叠加透光规律

三补色叠加后，阻止所有色光透过。

如图 5–4–5：

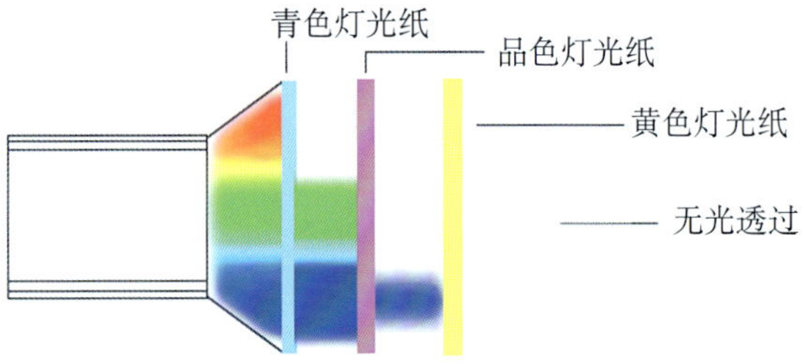

图 5–4–5 三补色叠加透光规律

第五节 色光家谱生态原理学说

色光家谱生态原理学说，是对前辈们色彩互补关系图上的正三角原色光和倒三角中的补色光色标，进行了进一步的研发与填补，制作成六角色标光谱图，向大家展示色光家族内部生态混合规律的图表。它直观地表现色彩的生态血统类别、颜色特征和色彩间的相互关系，从图中可以看出原色光、补色光、间色光、染料三基色生成规律，原色光的方向对位原理及色彩组合形成的科学规律（见彩图3）。

对照六角色标光谱图学习色彩光学，能使你一目了然，铭刻于心。图中较全面地展示了色光家族的全部色标，不但如此，图中清晰地标出了色光家族的生态关系与混合规律。两圈圆周虚线和相反方向的六个箭头指出了互补色原理及补色成为“染料三基色”之根本科学理论。本图详细地把色光生态混合规律分列得清晰可见，拥有“六角色标光谱图”不仅能使你进一步剖析色彩的理论，解释色彩的现象，它在电视节目录制中也有一定的实用价值。下面参照六角色标光谱图，逐步分析色光的演变过程。

一、正三角中的三原色系统

正三角上角为红光，左下角为绿光，右下角为蓝光，这三种光被称为三原色光，又是光谱系统中的三个基本色，故又被称为三基色。

三原色系统是我们眼睛每天都要看到的可见光谱，而三个原色光是光谱中的三个单色光，它们融合在红、橙、黄、绿、青、蓝、紫七色光带中，它们是光谱中的三个基础色光。为什么说是基础色光呢？我们知道自然光为白色光，白色光含七色光，但是若红、绿、蓝三色光相加也同样是白色光，其他色光都是这三个原色光的后代。因此，只需对三原色光进行调整与改变就能得到人类所需要的色光。下面用三原色混合原理来分析为什么说其他色光均是三原色光的后代。

1. 三原色光等量混合时，形成白色。即：**红光＋蓝光＋绿光＝白光**。

2. 两原色光等量混合时形成补色光。即：红光和绿光相加形成黄色光，绿光和蓝光相加形成青色光，蓝光和红光相加形成品色光。

如用字母R、G、B、Y、M、C、W来分别代表红、绿、蓝、黄、品、青、白，则三原色光的混合规律可写成：

R+G+B=W（白）

R+G=Y（黄）

G+B=C（青）

B+R=M（品）

二、倒三角中的补色与互补色

倒三角正下角为青色，右上角为品色，左上角为黄色，这三种光被称为补色光，又称它们是原色光的互补色。我们首先要知道青、品、黄分别是哪个原色光的后代？它们为什么能成为互补色？谁跟谁混合可成为白色？实际上这个问题只要对照六角色标光谱图就一目了然。同学们看，正三角三原色的三个角与倒三角三个补色的三个角刚好是对应的，相对应的角在同一轴线上，两个反角所标注的色光是互补色。如按互补色混合规律可写成：

倒三角正下角的青与正三角正上方角的红是互补色：**C+R=W 青＋红＝白**

倒三角右上角的品与正三角左下角的绿是互补色：**M+G=W 品＋绿＝白**

倒三角左上角的黄与正三角右下角的蓝是互补色：**Y+B=W 黄＋蓝＝白**

所谓**补色**，从图中可以看出，**实质就是欲将一种色光变成白光**，也就是说一种原色光和一种补色光两种色光混合就可变成白色。这又是什么道理呢？很简单，因为补色是两个原色光混合而成的，这个补色身上含有两种原色光的成分，当一个补色再和与它没有血缘关系的其他原色光混合时，这个补色光代表的是它的“父母”（两种原色光），实际上还是三种原色光混合。**所以补色光与原色光又被称为三对互补色光。**

三、倒三角上的三种色光身份

在色光家族中，当属倒三角中的黄、品、青三种色光最忙、最辛苦、身份最复杂，可以说是身兼数职。当你仔细分析六角色标光谱图时你就会发现黄、品、青变化的规律。值得注意的是图中的两圈虚线中的六个箭头所指的方向、方位与始末对位，它们是研究、学习、分辨色光身份演变原理的关键。只要沉下心注视光谱图，并按箭头方向去与原色光对位，你就会豁然开朗。

1．当三原色光红、绿、蓝由逆时针方向进行两原色混合时，顺序排列公式是：

红光和绿光相加形成——黄色光
绿光和蓝光相加形成——青色光
蓝光和红光相加形成——品色光
} 顺序排列为：黄、青、品——补色

2．当假定黄、青、品由补色变为互补色时，按色光的互补规律，对照六角色标光谱图，内圆周虚线白箭头指向的方向，是由青色光出发逆时针移动，根据色光互补规律，青色光必须和红色光互补方为白色，所以青色光带头沿圆周虚线按白箭头所示方向由左向右移动。因原色与补色互补后成为白色，为使大家容易辨认，故将青、品、黄旁的箭头标注为白色。依照顺序排列公式是：

一原一补 红色光—青色光
一原一补 绿色光—品色光
一原一补 蓝色光—黄色光
} 顺序排列为：青、品、黄——互补色

3．当青、品、黄由互补色光变为染料三基色时，它们的位置又发生了变化。对照六角色标光谱图外圆周虚线蓝、绿、红色箭头指向的方向来看，是遵循染料三基色系统吸收规律黄吸收蓝而确立染料三基色位移方向的。黄色开头由左向右沿顺时针方向移动，按圆周虚线箭头方向转动，去寻找蓝色，当黄色到达蓝色时，品色也到达绿色位置，青色对位红色，开始执行染料三基色系统的各种执法程序。因染料三基色黄、品、青分别对三原色光蓝、绿、红进行吸收，为使大家在光谱图中一目了然，故箭头分别用蓝、绿、红进行标注。依照顺序排列公式是：

黄色光吸收蓝色光——黄色光
品色光吸收绿色光——品色光 } 顺序排列为：黄、品、青——染料三基色
青色光吸收红色光——青色光

从以上三种色光顺序位置变化公式来分析，对照六角色标光谱图清晰地发现，当补色光身份改变后，它们的排列顺序也随之而变。现在我们把三种色光集中在一起排列，看一看三种色光由于身份变化，它们的位置也相应前后变化。原因很简单，就是为了准确地与三原色光顺序对位，而行使职能权力。对照六角色标光谱图，一览无余！

三种色光身份集中排列如下：

补　　色——黄、青、品
互 补 色——青、品、黄
染料三基色——黄、品、青

六角色标光谱图中还明显地标注出各种间色光，大家注意看，图中两个角相间位置标注的色光即间色光。其实色光家族成员关系非常复杂，分析、研究起来很有意思，色光之间相互混合、相互滤减、相互拦截、相互制约，每种色光往往都身兼数职。色彩学前辈专家们总结出色光混合规律和滤减规律。学习色光学，如果不把每个关键症结搞清楚，就很难理清色光之间的复杂关系。就拿补色光来说，除了拥有三种身份外，它们又和自己的父辈合作共同生产间色光。从六角色标光谱图中就可以清楚地了解到

间色光的来龙去脉。

当三原色光与非互补色等量混合时，即可形成两者的间色光，请看彩图 3，六角形两个角上的色光混合后，生成图中两角相间处标注的间色光。即：

红光与黄光混合生成橙色光；
黄光与绿光混合生成草绿光；
绿光与青光混合生成翠绿光；
青光与蓝光混合生成天蓝光；
蓝光与品光混合生成紫色光；
品光与红光混合生成粉色光。

四、染料三基色滤减原理

从白色光中滤减去某些色光而形成另一种色光的过程，称为色光的滤减。所谓滤减就是利用染料三基色黄、品、青对红、绿、蓝三原色光进行各种比例的吸收。在实际应用中，如果在白光前加上某一色光的补色滤色片，即可从光谱中减去这一色光。

例如：在白光前加蓝色光的补色——黄滤色片，则从白光中减掉蓝光。
在白光前加绿色光的补色——品滤色片，则从白光中减掉绿光。
在白光前加红色光的补色——青滤色片，则从白光中减去红光。

如果在白光前加两种滤色片，则会产生综合的滤光效果。

例如：在白光前加黄滤色片、品滤色片 白光－蓝光－绿光＝红光
在白光前加黄滤色片、青滤色片 白光－蓝光－红光＝绿光
在白光前加青滤色片、品滤色片 白光－红光－绿光＝蓝光

如果在白光前把黄、品、青滤色片全加上，则可滤减光谱中全部色光而成为无光。

在白光前加黄滤色片、品滤色片、青滤色片　白光－蓝光－绿光－红光＝无光

五、加色与减色的区别

“加色”指的是色光与色光相加，所以，相加后的混合光不仅颜色与各单色光不同，同时也**增加了亮度**。如：等量的红光和绿光相加后便成了亮度比红光与绿光都亮的黄色光。

如果再加上等量的蓝光，就会变成更亮的“**白光**”，这属于“**色光相加**”。

“减色”指的是物体具有相间色彩的部分共同吸收照射光源中的某些色光之后所显现的颜色。经滤减后，不仅颜色改变了，色彩的明度也减小了。并且，参加滤减表现颜色的染料种类越多，浓度越大，滤减后色彩的明度越小。这是为什么呢？因为色光混合是通过红、绿、蓝三原色光相加后再现色光，而色光的滤减是通过黄、品、青染料对三原色光的吸收滤减后再现色光。更直白地说：**“色光混合”是色光与色光相加重叠混合后所形成的色光；“色光的滤减”是白光通过滤色镜（色纸）后透射出的色光**。在研究色光混合和滤减的时候，两个概念是不容混淆的，无论是色光混合还是色光滤减，都是对我们所使用的照明光源色光而言的。

以上两个原理对我们学习影视色光学非常重要，通过多年实践，我认为这两大原理是掌握、运用照明光线的启明星！是关系到影视画面质量的分水岭。要求大家一定要搞清、熟记！便于我们在实际工作中更好地运用。

六、通过六角色标光谱图看色光的相互关系与冷暖的划分

以下用六角色标光谱图划分冷暖色调之目的，主要是明确冷暖调的区分。因为，冷暖调在色光联想和基调语言内涵上有质的区别。特别是文艺晚会和电视剧的用光，如果冷暖调弄反，其照明语言的表达就会不准确。所以说，色调的划分也是照明工作者必须熟知的色彩光学知识之一。

在设计色光照明时，要分析各色调的内在含义，准确地运用到实践中去（如彩图 4）。

光谱图中红、橙、黄、蓝、青、天蓝、绿的冷暖倾向的划分比较容易，所不易区别的是草绿、翠绿、紫、品色、粉色。从图中可以看出，草绿色光是绿与红以二比一的比例混合得到的，所以为带暖调的中色；翠绿色光是绿与蓝以二比一的比例混合得到的，所以为略带冷调的中色；紫色光是蓝与红以二比一的比例混合得到的，所以为略带暖调的冷色；品色光是蓝与红以一比一的比例混合得到的，但对人眼刺激较强的是红光，所以品色是略带冷调的暖色；粉色光是红与蓝以二比一的比例混合得到的，所以是略带冷调的暖色。

对照六角色标光谱图，你可以很快明了色光混合的效果。一场文艺晚会往往要求照明师变换多种不同的色光，为不同节目营造相应的环境气氛和节目内涵。熟悉色光的效果，可以用很少的灯变换较多的色光。研究六角色标光谱图，不但能够得知二色的中间色即该二色混合后的色光，还能迅速查出照明光源的颜色与被照物体色彩显现关系，这在照明设计中是非常重要的。比如在综艺晚会现场中，你若不知道色光照射物体色彩显现关系，又如何完成照明设计任务呢？对于这个问题我请大家记住两种关键性原理，在对被照物体进行照射之前，首先要看清楚被照物体是**补色还是原色**，按物体吸收与色彩显现规律，有如下特性：

1. **黄、品、青（补色）任何一色物体**，当被**三原色光或间色光**照明时，会显现出**照明色光**的色彩。

如：黄色物体被红色光照明时，显现红色；
　　黄色物体被橙色光照明时，显现橙色；
　　黄色物体被绿色光照明时，显现绿色；
　　黄色物体被草绿色光照明时，显现草绿色。

2. **红、绿、蓝（原色）任何一色物体**，当被**染料三基色黄、品、青或间色光**照明时，**原物体色彩不变**。

如 :红色物体在黄色光照明下,仍显红色 ;
红色物体在橙色光照明下,仍显红色 ;
红色物体在品色光照明下,仍显红色 ;
红色物体在粉色光照明下,仍显红色。

色光学说它复杂也复杂,说它不复杂也不复杂,因为它有一定的科学规律性。顺着它的演变过程和特性去分析、去"悟",你就会心明眼亮。其实色光"是很墨守成规的",非常有"人情味",比如说,前面咱们讲的色光透光规律就非常有意思。根据补色光透光规律——它只允许补色光和形成这一补色的两种原色光透过,你们看它多么"孝顺",又很有原则。当你把黄色灯光纸加在三原色白光聚光灯前时,黄光把生它养它的父母——红光、绿光放过去,把蓝色光截住,因为蓝光跟它没有血缘关系。但在色光相互关系中,原色、补色、间色,它们又都沾亲带故。前面我曾经把色光家族比喻成祖孙三代 :原色与原色相加生成补色,原色与补色相加生成间色。原色为 1 代,补色为 2 代,间色为 3 代。当然这只是一种比喻。实际上色光学是很有趣儿的自然科学。你一旦茅塞顿开,就会其乐无穷。

不信我再和你们分析一下原色和补色的"父子之情" :上面谈到过补色黄、品、青的地盘,不管黄、品、青的地盘上有什么颜色,"老子" 红色光一到,黄、品、青立刻将地盘拱手相让,乖乖地随"老子" 一个色——红色。反观补色黄、品、青到了红色"老子" 的地盘,无论你小子带来什么色,到这儿全没色,全由我红色"老子" 说了算。现在地盘是红色,你小子就得随我显红色,其他的说什么都不好使(哈哈,打个比方,加深理解)。

六角色标光谱图好比"六角大楼",色光家族成员全都住在里面。只要你把六角色标光谱图里的色光关系理清楚,学习、研究色光的大门就开了。

第六节　照明光源的显色性

光源的颜色包括光源的色表和显色性两个方面。

1. 光源的色表就是人眼直接观察光源时所看到的颜色。光源的色表用色温这个概念来度量。对白炽灯而言，单用色温就可以描述光源的颜色特性。而对气体放电灯而言，须用色温和显色性两个参数来描述。

2. 显色性就是我们常说的显色指数，而显色指数是照明设计技术参数中的一项主要技术指标，所以照明专业人员必须清楚各种光源的显色指数，它直接影响到光源照射物体呈现物体颜色的性能好坏，也就是光源的光线照射到物体上所产生的客观效果的好坏。

那么显色性是如何定义的呢？用文字语言来表示就是：光源能否正确地呈现物体颜色的性能，就叫光源的显色性。

如果各色物体受某光源照射的效果与受标准光源照射时一样（标准昼光），则认为该光源的显色性好；反之，如果物体受照后颜色失真，则认为该光源的显色性不好。

为了准确地测定光源的显色指数，国际照明委员会于1948年制定了显色性的测定方法。用8个标准颜色样品在标准光源和待测光源照射时产生的色差，计算出每一个颜色样品的显色指数，这8个颜色样品的显色指数叫做特殊显色指数，用R表示（见表5-6-1）。

表5-6-1　常见光源的显色指数

光源	色温（K）	显色指数（R）
白炽灯	2400 ~ 2800	97 ~ 99
卤钨灯	3000 ~ 3200	97 ~ 99
三基色柔光灯	3200	85 ~ 93
氙灯	6000	94
镝灯	5500 ~ 6000	75 ~ 85
高压钠灯	2100	21 ~ 23

第七节　照明光源的色温平衡

电视艺术作品的画质是以光源色温标准与否论成败的。在摄制电视节目时要特别注意色温的平衡，它是直接关系到色再现(色还原)的极其重要的条件之一。

什么叫色温平衡，它包括两个方面的含义。

其一，是保证光源的色温与摄像机要求的色温相一致。如果不一致，就要使用滤色片校正其色温。

其二，是在一个场景中，要保证所使用的光源色温一致。例如：在演播室内制作电视节目，使用的光源若是卤钨灯，要保证所有卤钨灯的色温基本一致(指白光)。特殊效果的色光只是起到色调和色感情联想之用。绝不能照射到人物的脸上。记住："人脸在什么情况下都应是正常色"。

如果拍摄外景，则应注意人工光源与自然光源色温的一致性。否则很难得到满意的彩色画面。

特殊表现环境的光源或剧情需要时人脸出现偏红或偏蓝是允许的(电视剧)，但是，最好用白光冲一下脸上的色光，让人脸近似正常。重在环境渲染，人脸点到为止。

色温校正方法

1. 雷登 82A (提升色温)：3200K + 82A = 5600K。
2. 雷登 85 (降色温)：5600K + 85 = 3200K。
3. 色温纸也可贴在窗户上进行室内人工光色温平衡。
4. 如果是新闻或专题片，时间紧、任务急，对色温要求不高；还可以用快速混合白平法——两种光同时照射在白平卡上调白。
5. 如果是电视剧，就要严谨了。因电视剧是写实艺术，画面色调要力求真实。调白时必须用标准白平衡色谱调白平，否则，很难达到满意的效果。色温平衡很重要，特别是专业人士，更应遵守专业规范。我特反对个别人对准白墙壁或某个人的白衬衣背后，甚至就地随便抓一张所谓的白纸调白平，看似聪明，其实露怯。

本章思考与练习题

1. 六角色标图中角与角对应的是什么色？
2. 六角色标图逆时针和顺时针分别指的是什么色？
3. 补色、互补色、染料三基色的排列顺序是什么？
4. 用青色卡调节白平衡拍摄出的画面是什么调？什么色？
5. 色光的五大透光规律是什么？列出图示并注明色彩名称。

第六章
自然光照明

本章内容提要

★ 自然光是照明艺术创作主要依据光线，无论是拍摄外景还是室内日景，都要模拟自然光线的特征，光线性质，时间、季节段落所呈现的方向、角度及色温变化。

★ 室内照明主要由门、窗投射进来的阳光或天空散射光及四壁的反射光对景物照明。直射的阳光照明，随着一天时间的变化而改变其投射的角度。阳光射进室内，可在墙上形成窗户的投影，不仅可作为构图的有利因素，也可以投影的倾斜程度，标志出时间的段落。在室内拍摄，应通过光线的变化，表现出一定的时间特征和气氛。

★ 月光是一种低强度硬光；在电视剧中体现月光时最好用镝灯或在聚光灯前加雷登 82A 色温纸；模拟月光尽量以勾画主体外缘轮廓为主，避免大面积投射月光，用清晰、均匀的光影，光斑、光条状光线营造夜景气氛即可。

“自然光”是一种变化多端的东西。太阳的方向、高度是随着时间、季节和纬度而不断变化的。研究、分析太阳光又是我们照明的一大课题。

自然光的特性变化很大。在晴空中，明亮的阳光产生粗犷的造型和浓重的阴影，只有从附近的表面反射的光线才使它柔和一些，但是光线仍从整个天空散射下来，到达我们身上。阳光在被大气中起的变化，诸如云、雨、雾、霭（ǎi，云气、云雾）所遮掩时，照明反差降低，造型效果也减弱，甚至薄云也能大大地使阳光变柔和。阴霾（mái，空气中悬浮着大量的烟、尘等微粒而形成的混浊现象）的天空就使光线更加散射了。

自然光的色彩变化是十分显著的。在日出或日落时红里透黄的太阳光，加上照亮阴影的淡蓝的天空光，可以明显地使彩色还原失真。

自然光是摄影、摄像最常用的照明光源。拍摄电影和电视剧外景时除了以自然光为主要光源外，也往往在棚内和实景内用人工光再现自然光的照明效果。因此，研究自然光的特性以及它在不同条件下的照明光效是非常重要的。目的是更好地运用它、模仿它，给照明艺术创作提供真实准确的光效依据。

第一节　自然光照明的弊端特征

常言说得好，“知己知彼，百战不殆。”我们既然要用自然光，就要了解它的优缺点。任何人、任何事物都不可能十全十美，为人类带来巨大财富的太阳光也不例外。那么它的照明弊端又是什么呢？

1. 阳光方向的改变。它的方向变化有一定范围，即由东至南而西的照明条件。

2. 色温随着时间、方向和气候而改变。

3. 光线时常不如人愿：我们遇到的光线对我们的拍摄意图来说经常不是过多就是过少，或是光量不稳定。

4. 光线分布杂乱：某一个被摄体可能在阴影中，而其他被摄体却被照得亮晃晃。

5. 自然形成的阴影区可能不恰当。

6. 散乱的光线（眩光、闪光）可能妨碍视线。

7. 景物的反差经常太高。

以上这些变化是可以调整的，大自然实际上总是能提供人类所需要的一切条件。人是活的，关键是我们如何去改变它、修饰它、运用它。我们研究它就是让自然光线能更好地为我们照明艺术服务。

第二节　自然光光效的特点

一、一个光源，一个方向

在自然光源中，日光是产生直射光的唯一光源。在日光的直射照明下(不包括各种反射光线)，光线只能来自一个方向。要再现日光的照明效果，必须遵循“一个光源，一个方向”的原则。因此，在摄影棚内或实景室内，都会布置大量的照明灯，但射向人物或其他物体的主光源必须来自一个方向。千万要防止主光方向光源混乱的现象发生。

二、一物一影，多物多影

日光照明一个物体只产生一个影子，而且影子之间是相互平行的。影子落在自身形成阴影，落在身外则形成投影。在同一画面中出现几个物体，也就产生几个影子。如果用人工光来表现日光效果，也要符合上述自然效果，避免一物多影或影子交错杂乱的情况。

三、直射光强，散射光弱

在同一画面中，凡有日光照射的地方，即受直射光照明，其亮度较强；没有日光照射的地方，即受天空或其他环境反射的散射光照明，其亮度较弱。当我们以日光(或以灯光为假设日光)为主要光源时，不论用反光板或用灯光辅助的副光，其亮度都不能超过主光。

因此，在灯光设计时，对主光位置的选择是很重要的。

第三节 自然光线的变化及其效果

自然光，是指在没有人工光照明的条件下，我们在室内外所见到的光线。夜晚的月光也属于自然光，因其照度很低，在摄像中大都用人工光模拟月光。现在我们主要分析白昼自然光线的变化，月光另述。

白昼的自然光线，包含着两种成分，一种是日光的直射照明，一种是经天空或周围环境反射的散射光照明。

一、在日光直射下的光线变化

这种变化通常是随着太阳的高度而定的。在日常生活里，人们把一天的时间分为若干段落，如：早晨、上午、中午、下午、傍晚等不同的段落，太阳对地平线形成不同的角度，也就会产生不同的照明效果。大致分为三种情况：

（一）早晨与傍晚

早晨，太阳刚从东方升起；傍晚，太阳即将落山。阳光对地面的投射角度约在15°之内。这时，景物的垂直面被大面积地照亮，而其水平面被照明的面积较小，形成了硕长的投影，这时，阳光透过极厚的大气层，光线被大量散射，显得十分柔和。此外，由于潮湿的空气和气压的关系，水蒸气不能上升，形成晨雾，覆盖着地面上的景物。由远处望去，地面上的景物犹如披着一层拂动着的薄纱，在逆光下更为显著。

（二）上午与下午

当太阳逐渐升高和下降，它对地面照射的角度为15°～60°时，即通常所说的上午和下午。此时的主要特点是：历时较长，光线也较稳定；日光对地面景物的水平面和垂直面照明比较均匀，可较好地表现对象的轮廓线条和立体形态；地面经过日光照射产生的反射光，以及天空的散射光，形成了较柔和的辅助光。照明景物的阴影部分，可使画面获得较适当的明暗反差。因此，人们常常把这段时间作为摄影、摄像、照相的主要拍摄时间。

（三）中午

中午太阳继续升高，它对地面的照射角度为 60° ~ 90° 时，也就是太阳当顶的正午时刻。这时，太阳近于垂直下射，景物的水平面被普遍照明，垂直面的受照面积很小或几乎没有。这就往往不能很好地表达阳面和阴面的质感，并使被摄体的垂直面与作为背景的天空形成特别强烈的明暗反差。一般来说，这段时间不宜拍近景人像，但拍大的场景和表现宏观景象的场面还是可以的。巧妙地运用也可拍摄人像。把正午视为禁忌时间的观点是片面的。如：我们拍摄电视剧有时为了抢时间，利用顶光直射光，用白布遮挡法能获得较柔和的透射光线。当然处理必须得当，要有一定的方法才行。

二、无日光直射的光线变化

在无日光直射的情况下，景物主要由天空的散射光照明，但也有各种情况的变化。

（一）黎明与黄昏

黎明，太阳即将从地平线升起，大地被昏暗的曙光照明；黄昏，太阳刚刚落山，景物在暮光的照射下依稀可辨。这时，日出或日落的方向，靠近地面的天空较亮，离地面越远的越暗。地面上的景物，被微弱的天空散射光所照明，普遍亮度很低。这种光线，不宜表现对象的细部，而适合拍摄剪影效果。但如用人工光源适当辅助，也同样可以拍摄人物。在这个时刻，天际还经常出现瑰丽多姿的朝霞或晚霞，是摄影构图很有力的造型因素。

（二）薄云遮日

太阳被一层淡淡的薄云遮住，失去强烈的直射光照明，但仍有一股微弱的日光照射物体，形成了朦胧的投影。景物的阴影部分，由透过云层的散射光所照明，与景物亮部的间隔较小，缺乏显著的明暗差别。在这一光线条件下拍摄人物，能得到较柔和的效果。拍摄彩色片也常用这种光线，以获得柔和、含蓄的色彩层次。

（三）乌云密布

当天空布满了乌云，从地面无法寻觅太阳踪迹的时候，也就失去了光线的方向性，景物受来自四面八方的散射光照明，光线分布均匀，没有投影，缺乏明暗层次，色彩显得深暗，画面较为平淡。但如果恰当地选择环境，充分利用其反射光，也可使画面的影调活跃起来。

（四）雨天

雨天，在某些特殊情况下，也会有直射光射到景物上，但是绝大部分的雨天都是阴云遮日，光线条件与阴天相同，所不同的是地面景物和雨点（较大）都会出现亮斑，尤其是被雨水淋湿的部分，在某些受光角度会形成较明显的轮廓光，这是雨水受光部分反光很强的缘故。立体感、空间感也会相应增强，所以，在摄像时应该充分利用这个特点。

大雨中，雨点拍得很清楚；雨点拍不清楚时，可以利用雨点打在水面上的画面或某些受雨明显的景物间接反映下雨；也可以在前景和摄录人物、景物的近景时，把晶莹闪亮的水珠，恰如其分地表现出来。不过老天爷是不由人指挥的，大部分雨景是采用人工降雨（具体办法后面有专篇论述）。

雨中摄录应注意两点：

一、尽量避免以天空为背景。天空比雨水亮，会破坏下雨效果。

二、摄像机镜头不要淋上雨点。在有风的天气避免逆风拍摄，以免镜头淋上雨点致使画面模糊。所有摄录设备应置于防雨装置中。

第四节　月光的概念与模拟

月光属自然光范畴。因在影视剧创作中占有一席之地，也是影视创作者重点研究的光线之一。事实上，月光是太阳光照射在月球上，由月球反射到地球上的太阳光，人类称它为月光。

月光是一种**低强度硬光**，它的一般彩色质量同日光相似，因此，只要进行长时间的曝光，或使用超快感光乳剂，在月光下拍彩色片，从理论上来说，拍出来的画面彩色质量同日光下拍摄的一样鲜艳。但在实践中，感光材料的反比律失效，会由于长时间的曝光而改变彩色平衡，达不到日光拍摄效果。

月光在肉眼看来是一回事，在摄像机看来又是一回事。肉眼对色彩的反应，在昏暗的光线下是不同的。在昼光下，肉眼最敏感的是**黄—绿色区域**。但在昏暗的环境中，肉眼最敏感的光谱区域转移到**蓝色**。在光谱的黄—橙—红色区域中的视觉灵敏度逐渐消失。因此，月光看上去就显得发蓝，而且还产生夜景无彩色的幻觉。

现在众多影视剧经常使用蓝光创作月光效果，但这种处理方法是否成功很值得怀疑。蓝光过度显得虚假，尤其是在人脸上，但现在已普遍成为一种“月光”的滥调。更有甚者，有人在钨丝灯前加蓝色色纸造成月光效果，而违背了大自然的实际规律，使电视画面混浊不清。

那么月光又如何处理呢？要清楚电视是以色温来显色的。清楚月光是如何形成的。清楚月光下蓝色是肉眼最敏感的光谱区域，故而月光被认为是蓝色的。以上三点是创作月光最基础的依据。

1．禁止使用蓝色色纸。应使用雷登 82A 色温纸或 5600K 镝灯光线创造月光。

根据原色光透光原理分析，原色光只允许本原色光透过而拦截其他原色光。钨丝灯光源是连续光谱，含红、绿、蓝三原色。若在钨丝灯前加蓝色纸，拦截了红、绿光，则只有蓝光透过，蓝光可见光波长只有 400 ~ 500 纳米。雷登 82A 色温纸将钨丝灯 3200K 色温提升到 5600K，它和镝灯的可见光谱一个是连续光谱，一个是密集线状光谱，它们的光谱齐全。可见光波长为 380 ~ 780 纳米。

以上分析是按摄像机 3200K 档位，用 3200K 色温光源调白，以夜景中拍摄电视剧为例。

2．“外景月光”。以逆光为主，勾画出主体的外缘轮廓，同时从侧面用低强度的软光为辅助光。背景有选择地照明，大片的东西尽可能处于黑暗状态。

3．“室内月光”。月光从窗、门射入屋内。一定要选择好投射角度，以高光位斜角为好，尽可能使光线分散成光条或光斑。

4．全景体现月光。可在有效拍摄区的墙上形成月光投影，光影要清晰、均匀。

5．月光是夜景气氛光。表现人物时尽量注意脸上不要有月光，可在人物的头发、身上或景物上投几条光斑，艺术讲究的是点到为止（剧情要求除外）。

6．月光是月球反射光，其光影比较清晰，暗影部反差大，光比也大，是低强度硬光。在模拟月光时，要注意月光的自身特点，切不能不加遮挡地大面积地向屋内投射“月光”，应创造性地加以取舍。

第五节　室内自然光线的变化

室内自然光与室外自然光的照明条件有极大的不同，一般来说室内自然光是随着房间的建筑结构变化而变化。

1．室内景物主要是由从门、窗投射进来的阳光或天空散射光及四壁的反射光照明的。直射的阳光照明，随着一天时间的变化而改变其投射的角度。阳光射进室内，可在墙上形成窗户的投影，不仅可作为构图的有利因素，也可以投影的倾斜程度，标志出时间的段落。在室内拍摄，应通过光线的变化，表现出一定的时间特征和气氛。

2．没有阳光直射的情况下，室内的景物皆被由门窗射入的天空散射光或四壁的反射光所照明。随着时间的变化，景物亮度也发生变化，但光源的方向、角度是固定不变的，也有固定的明暗分配。

3．室内的对象，随着房间门窗的多少与方向的不同，被一个或几个光源照明（有门窗就会有光线射入）。对于照明工作者来说，应很好地利用这些光源条件，以获得较好的造型效果。

4．室内的被摄体，有面向窗户、背向窗户、近靠窗户和远离窗户的差别，光线也要随之发生变化。拍摄时要充分表现这些变化，才能表现出特定的环境气氛，才具有真实感，切忌千篇一律的光线处理。

5．然光线照到室内，通常是透过门窗的玻璃或窗纱，在一定程度上受这些介质的吸收或扩散，其光强度与直接投射的性质都稍有变化，显得较柔和些。

6．室内自然光照明，往往由于补助光不足而形成极大的反差，这种反差过大的现象，不仅表现在对象本身的阴阳面上，而且还由于拍摄了门窗与室内景物的阴面，构成强烈的明暗反差对比。有的电视剧的窗户几乎达到限幅，整个窗户白茫茫一片，不堪入目，极度失真，这是不正常的，严重违背自然真实。要解决这一问题，必须加强室内补助光的照度，必须使门窗曝光正常，让真实的环境展现在观众眼前。

《听》摄影：雷兆云

合理地运用中午直射自然光

《竹林幽径》摄影：雷兆云
上午十点左右，自然光在竹林中形成的光影

《问》摄影：雷兆云
中午垂直自然光形成的影调

本章思考与练习题

1. 主光光线的生活规律是什么？
2. 主光光源根据什么来确立？
3. 自然光效特点及室内光线变化效果是什么？

第七章
人工光照明

本章内容提要

★ 人工光是人类制造的照明灯具所投射的光线。人工光种类多、光线效果变化多、使用场合多。因此，在照明技巧与方法上也复杂得多。但人工光线具有运用上的灵活性，不受任何限制。

★ 人工光既是模拟艺术又是塑造艺术。模拟人人皆知的自然光效、气氛、色调，模拟各种光源的照度氛围，等等。照明师要通过人工光线绘制蓝图。特别是室内的光效，在不破坏真实光效气氛的同时，让照度按光比等分普遍提高。这需要照明师的精心设计、熟练的布光技巧、丰富的观察实践和诸多艺术元素的体现。不仅如此，人工光线的造型与环境美学、建筑美学都有着千丝万缕的联系。

★ 人工光线在影视剧、综艺晚会中扮演着重要角色，关系到它们的成败，其自身的视觉心理联想与照明语言的形成，让世人改变了对它的认识和看法。

人工光是指为摄录影像专设的照明用光。电视照明除运用自然光外，更主要的是人工光照明。实际上人工光是照明中使用频率最高，布光技巧最高，牵涉的艺术元素、专业技术范围最广的一项课题。自然光是看天的脸色，人工光是看人的创造，前者为“用”，后者为“创”。一字之差，概念完全不同，内涵所蕴藏的系统程式也截然不同。

第一节　人工光导言

电视照明除研究自然光外，更重要的是研究人工光照明，实际上人工光是最难的。为什么这样说呢？因为人工光是模拟照明光，也就是说要我们照明摄影工作者用人工光去“模仿”自然光和各种不同类型的照明光源。这是最难的！特别是写实艺术，用光就更难。因为，这些光源的形、貌、色、调，已深深地印在每个人的脑海之中，你模仿得不像，人们看后就觉得不真，也就是说你布出来的光没有和人们脑海中的印象相共鸣，你的照明艺术作品又如何打动观众的心呢？我们常说构图三要素：1．位置；2．面积；3．角度。一种视觉形象只有和其他的视觉形象相结合才能表达一种思想。所以说，视觉形象的表意需要依赖于这样一个公式：形象＋形象＝思想。我们的第一个形象就是指场景的形象和内涵，加上的形象就是我们光线赋予的三度空间的光线形象，即照明语言。

照明艺术确实是一项非常复杂的学科，它是融16种艺术元素于一身的艺术门类，它是综合艺术的真实体现，它是视觉艺术体现派的画面学说。

比如，16种艺术元素中其中一个元素是“构图与造型”，如果你不懂构图，又如何谈审美呢？那么，你用灯光造型，构图美的根据又是什么呢？景是本，光是灵，你这个“灵”又如何去体现呢？

影视照明艺术在塑造形式上，同其他的文艺形式有很大的区别。一般的文艺，都是作者根据对生活素材的集中、概括来塑造形象的。因此，他们在创作过程中，不可能如实地摹写某一具体的原型。正如鲁迅说的：“所写的事迹，大抵有一点见过或听到过的缘由，但决不全用这事实，只是采取一端，加以改造，或生发开去，到足以几乎完全发表我的意思为止。”即便是十分重视写生作用的美术，在创作主体画时，也往往没有固定的临摹对象（模特儿)，而是“静观默察，烂熟于心，然后凝神结想，一挥而就”。但影视照明艺术必须面对具体的、活生生的人物或其他实体来进行创作。**人工光既是模拟艺术又是塑造艺术**。模拟人人皆知的自然光效、气氛、色调，模拟各种光源的照度氛围，等等，这是比较难的。大家知道模仿比自由发挥要难得多。模拟自然光，就是让真实环境中的自然光线再现。照明师要通过人工光线绘制蓝图。特别是室内的光效，在不破坏真实光效气氛的同时，让照度按光比等分普遍提高。这需要照明师的精心设计、熟练的布光技巧、丰富的观察实践和诸多艺术元素的体现。不仅如此，人工光线的造型与环境美学、建筑美学都有着**千丝万缕的关系**。因为，室内的摆设占据了照明空间，其色泽的深浅直接影响到光比明暗的分配；建筑物的造型与门窗的高低，甚至室内景区、距门窗的远近，都对人工光照明造成利弊影响。照明师在采景时，这些诸多因素都应该被纳入他的设计思路中去。摄影师和照明师对生活的洞察力，往往是在对对象的选择和加工中体现出来的。这是人工光照明艺术的特殊规律，也是我们考虑如何用人工光来塑造形象的基础。

人工光最大的魅力是，对人物形象的塑造，人各有其貌，通过光线的处理，去表现人物的外形特征，这就是人工光线之塑造艺术的功能。同样一个人物，在不同的照明条件下，由于光线的强弱、色温和投射方向等各种因素的变化，会产生完全不同的形象效果。胖的可以拍得消瘦些，瘦的可以拍得丰满些。这虽只是被摄对象外形上的变化，但也只有人工光线才有这个能耐。人工光线不但对人物外形有明显的修饰功能，在对人物内心情绪的刻画上也有独到之处。如通过照明光线在人物脸上形成的明暗反差、色调变化、光线角度的高低变化、光位的大小偏移、眼神光的神韵等，都能体现照明语言丰富的潜意识内心世界。

在文艺晚会上，人工光那种大写意的光线魅力，堪称电视画面无与伦比的“一绝”。有人说：“影视艺术是光的艺术；光线是电视画面的灵魂”。那么，照明师就是塑造这一灵魂的工程师，而人工光线就是照明师手中的画笔。我们要珍惜它、爱护它，永远拥有它。“既然命运安排我们与照明光线共存，那我们就应该了解人工光线的“内心”。问问它，它究竟想干什么；问问它，我们照明工作者究竟如何爱戴它，它才会称心如意。

第二节 构成人工光线造型骨架的成分

构成人工光线造型骨架的光线大致分为五种；也可称之为“布光五要素”。哪五种要素呢？1．主光要素；2．副光要素；3．轮廓光要素；4．背景光要素；5．装饰光要素。

以上五种人工光线是构成人工光线造型骨架必不可少的基本光线。为什么称之为“布光五要素”呢？就是要告诉同学们，在布光中要想形成造型骨架，这五种光线缺一不可。但电视照明艺术单纯形成骨架还远远不够，关键是我们如何让这副骨架有血、有肉、有灵气。这是我们要研究的课题。下面咱们分析一下这五种光线的来历。

一、主光

从日光照明讲，就是太阳光线直接投射方向、角度的直射光线。

从夜间照明讲，就是主要照明光源的来源方向与角度。

二、副光（辅助光）

实际上就是大气层、人物所处环境周围物体、墙面反射光。

三、轮廓光

人物处于逆光状态，视觉的角度发生变化，眼睛呈现逆光现象。物体呈现光线轮廓边。

四、背景光

在室外，可以说是从天空或者周围反射的日光。在室内场景中，也可能是天花板反射的，或从门、窗射进来的光线。在画面中，人物为主体，人背后所照射到的光线即背景光。

五、装饰光

顾名思义，所谓装饰，就是美化，就是修饰。装饰光的主要作用就是帮助、弥补其他四种光线照明之不足。

第三节 人工光线的应用价值

人工光线的魅力在于它在摄影、摄像艺术作品中的价值。它在人们的视觉艺术里有一个魅力无穷的光环——“灵魂”。多少年来地球人一直在分析、研究它，随着时代的进步和人们对视觉艺术作品欣赏水平的提高，人们充分认识到人工光线的无穷魅力。随着科学的飞速发展，人们又给这颗“宝石”安上了五颜六色的翅膀，造出了高智能的电脑灯、激光等人工效果光。当今最时尚的大型文艺晚会、电视台演播室诸多文艺节目的制作，全由人工光线照明。人工光的地位日益提高。行内行外人士同声赞道：“搞文艺晚会，实际上是玩灯光。”光玩得好坏，直接影响到晚会的质量与效果。中央电视台每年的春节联欢晚会除夕之夜几乎家家必看，不少人看完后的第一句话就是：“今年的灯光，没有前几年好。”连老百姓都如此宠幸灯光，可想而知，人工光的魅力在全国人民的心里占有多么重要的位置。

我们对任何事物都有一个从认识到熟悉再到相知的认知过程，我们照明摄影工作者对光线必须认识、熟知。事实上人工光线既复杂又妙趣横生。

当你对她真正熟知时,你就会被她的美丽身躯所吸引。那么她的魅力又在哪儿呢?

1．人工光线具有运用上的灵活性,不受任何限制。

2．充分满足照明师、摄影师的设计意图,他们可以随时调整和改变光源的投射方向、高度、亮度、角度。

3．通过巧妙地布光,能使生活中的自然光线真实地再现。

4．能很好地创造和渲染环境气氛。

5．人工光线运用各种视觉语言,营造浓郁的感情色彩。

6．影视剧画面中的时间特征,完全依赖人工光线体现。

7．人工光线在照明艺术、技术上发挥双重作用。

8．人工光线直接左右影视画面的“三维空间”。

9．人工光线促进了电影电视艺术的发展。

10．人工光线自身语言的形成,改变了人们对自然光线的认识、宠幸与依赖。

11．在影视剧和文艺晚会中,人工光线扮演着重要角色,关系到它们的成败。

12．人工光线起背景造型的作用,简化了布景,使繁重的制景工作大为减轻。

第四节　人工光分类解读与运用

照明艺术在特性和氛围方面的变化几乎是永无止境的。特别是我们处于高科技飞速发展的时代,社会日新月异,人们的欣赏眼光逐渐升级,艺术花样不断翻新,我们必须以超前的眼光对待照明艺术。否则,就跟不上艺术前进的大潮流。所以,我们在设计创作照明艺术的手段上、科技上、花样上也要观念更新。很显然,过去的五个光种,七个光位远远满足不了现代电视艺术的要求。下面让我们逐个研究因含义而得名的各种光线,对其进行分类解读，并介绍其运用方法。

一、主光

主光是照明景物的主要光线，有明显的光源方向，是用来塑造形象、引导事件、暗示情节的主导光线。主光可采用功率较大的灯具。但其投射方向和光源性质必须符合规定情景的各种条件（时间、地点和不同的环境等）。

（一）分类解读

1．在静态布光中，主光是造型光和塑型光。

2．在人像摄影中，主光被称为“伦勃朗光”。

3．在电视剧布光中，主光属主光源系列。以光源方位、角度定主光。

4．在演播室动态布光中，演区两边前侧光属主光范围。

5．舞台剧院布光，其柱光、耳光就是前主光、后主光。

（二）运用方法

1．在新闻静态布光中，主光与被摄人物成45°角。脸胖者角度加大，瘦者减小。高低以鼻影出现“等线三角形”为最佳标准。

2．在“伦勃朗布光法”中，主光、副光同置于摄影机左边，被摄人物左面颊同摄影机成水平直线。主光照在鼻子上，形成的暗影从鼻子一直延伸到嘴边，同时在面颊上形成一个三角形光区。伦勃朗布光法的目的是戏剧性肖像，故保持暗影深一些。所以，伦勃朗布光法又称“暗影布光法”。

3．综艺演播室、舞台剧院两侧主光在布光时均要斜侧，阶梯式地向演区方向投射。

4．电视剧室内日景的主光，应依照太阳光从门、窗投进室内的自然光线特点、方向、角度高低、时间概念、色温变化设计主光源。切不可违背自然光线的自然生活规律。

5．电视剧夜景要根据场景内主要光源来源设计主光。也可以为满足剧情和拍摄需要，设计“**假设主光源**”作为主光，但必须合情合理。注意拍摄时不要“穿帮”。要遵循室内夜间的照明特点和光线逻辑性质。

6．主光照射的自然规律：对主光则顺，背主光则逆，斜对主光则侧。

7．主光明暗的效果规律：靠近门窗则亮，远离门窗则暗，面向门窗则亮，背向门窗则暗。

二、辅助光

辅助光用来弥补主光之不足和照明主光所不能照亮的侧面，并显现景物阴影部分质感。帮助主光建立光比、塑造形象。

（一）分类解读

1．辅助光又被称为副光。

2．综艺演播室、舞台剧院、专题访谈类节目所用辅助光统称面光。综艺演播室、舞台剧院一般设计为一面、二面、三面，为正面辅助光。面光是综艺演播室、舞台剧院眼神光的主要光线，布光时要注意调整。

3．在电视剧布光中，辅助光被当做反射光或散射光，有时也可假设其他方向投射过来的光线为辅助光。只要设计合理，除主光外，其他光线都可被视为辅助光。

（二）运用方法

1．新闻静态布光，副光与摄像机、主持人成水平直线。主要消除阴影，避免人影投射到背景和抠像蓝幕上。

2．新闻静态布光中的副光有三个作用：一、弥补主光不足之处。二、消除脖子阴影。三、营造与观众沟通语言化的眼神光。布光时要尽量降低高度，一般以主持人自身遮挡住人影为最佳。副光以光质平软的散射光为宜。副光的照度决定了光比。可通过调整前后距离和谐光比。

3．面光布光时要尽可能降低高度，以全景机位不穿帮为准。否则，不但人物两眼无神，搞不好还会因下颌遮挡光线造成脖子上的阴影。

4．大型综艺晚会的面光为什么要设计多道面光？因为演播室、剧院演区较深，投射的光斑距离有限，这是其一；其二，为创造画面三度空间而设。故各道面光分区照射，多余光线采取有效遮挡，达到形成明暗透视层次之目的。

5．面光还有和谐独唱演员的功能，也可用于以三点追光为主要光源时的色调补差。一般推演区前沿光杆为30％光度。此法既能使演员肤色趋于正常，又充当了底子光，使画面更和谐、更清晰。

6．演播室面光，一般采用聚光灯散焦再加一层二号柔光纸为宜。不宜加色纸。

三、轮廓光

用来勾画景物轮廓线条的光线即轮廓光。一般都习惯把轮廓光作为逆光或侧逆光使用。轮廓光能造成物体与背景拓展空间，能凸显人物形体美感。

（一）分类解读

1．综艺演播室、舞台剧院等演区顶上悬挂的回光灯或聚光灯以及装有换色器的灯，其光线均朝台口照射，演员背后的光均属轮廓光系列，在此又叫逆光，也称基调光。

2．电视剧中，人物背朝门、窗时，必出现此人物轮廓光勾边的逆光现象。

3．新闻、专题栏目、摄影、摄像或拍照，无论是静态还是动态，只要是照射人物背后的光，均称轮廓光或逆光（指人物与摄像机相对）。

4．轮廓光与逆光的称呼界限不明显，两者属同一个定义。

5．轮廓光的形成，电视剧是人物背部朝主光方向形成，其他是特设形成，室外摄像是人物背部朝太阳方向，摄像机、照相机角度对人物正面形成。

（二）运用方法

1．新闻主持人逆光，悬挂于主持人后方，成水平角约 180°，人物头发光不易过强、过前，双肩呈明显双肩章线条为好。

2．布光时高度、角度适当，以被摄体轮廓线为主。灯位的水平角越接近 180°，被摄者的侧面轮廓光条越窄；灯位的垂直角度越接近 90°，被摄者的顶面光条越宽。

3．逆光属硬光，其照度最强、光比最大。逆光与主光的光比为 2:1 的比例。

4．新闻主持人逆光要注意调整上扉，避免前额头上因照射发光而有压抑之感。两耳不易过亮。为了调整方便，采用“**层次布光法**”。主持人逆光在所有逆光中要求最高。因长时间处于静态近景，逆光太亮夺人视线，逆光不适缺乏魅力。光布得好能使主持人精神焕发，可唤起人们的视听。

5．创建逆光还可以采用“**轮廓晕光法**”（对长发女性）。用小功率灯具，以便于被摄者完全遮挡住灯具，将灯具置于被摄者头部的正后方，对准其脑后直接照射。此法适宜艺术照或摄影、摄像特殊镜头。主持人也可用，但要谨慎运用，有时少量加点晕光能提高韵味。

6．大型综艺演播室设计轮廓光，要注意光与光间的光斑衔接。一般设计此种光线要布满整个演区，800 平方米的演播室 4 ～ 5 道光为好。调光时采用“**单灯光斑定位法**”和“**层次布光法**”。一道光全部调好后，此道光全部推亮至 90 % 光度后再微调。调第二道光时，第一道亮一盏灯为基点样板光斑，以此顺序类推。

7．**提示**：一、逆光系列光线是创作基调、色调的主要光线，在设计换色器色纸时，必须亲自设计颜色型号，指定厂家定做。尽量选择透光率高的亮色，其中雷登 82A 色温纸必须要有。**蓝色灯光色纸尽量少用**，特别是单独运用它作为基调光时，更要慎重。因为电视照明不是为眼睛服务的，而是为摄录设备匹配光线色温的。否则，R、G、B 基色信号的幅度发生质变，导致电视画面混浊不清（原理请阅第五章第四节——**色光照明的透光规**

律)。二、在写实照明艺术中,轮廓光(逆光)不可以滥用。日景,要根据光线投射的自然生活规律来运用。夜景,要根据主光源的方向和与被摄人物的相对方向来确立。

四、装饰光

装饰光主要是用来对景物中的某些局部或细部作必要的修饰,包括眼神光、道具光、服装光等。总之,装饰光就是美化形象,对人物和景物进行修修补补,故又称修饰光。

(一)分类解读

1. 在静态布光中,和主光位置相对(人物左或右)的光就是装饰光。装饰光在此布光中被称为修饰光。

2. 在综艺演播室、舞台剧院等中,因采用立体交叉布光法,可以说没有暗光区,不需要修饰光,它们相互弥补。

3. 在电视剧中,除主光源外,其他都可以加修饰光对场景、人物进行修饰。但必须遵循光线投射规律,要从合理角度去分析、设计,去布置光线。

(二)运用方法

1. 新闻静态布光,装饰光置于主光反侧,其亮度在主光、副光照射后,以无鼻影显示为佳,它只起修补作用。

2. 拍电视剧时,准备一些小型的灯具,当你整个场景布光完毕后,去看监视器或站在总摄像角度观看整个场景的光线效果时,若感觉影调、透视效果太平淡,没有亮点等,这时凭你的经验和构图美学观点,采用装饰光,用小型灯具对场景进行"装潢"、美化、点缀。

3. 拍摄电视剧,尽管你采用的是"场景一次性布光法",切记要在摄像机右侧跟一台小功率聚光灯。这盏灯就是摄像机的"**眼睛**",可叫它装饰光,也可说它是修饰光,还可以设想它是专为摄像机提个亮,此光能很好地帮助摄像机捕捉**"死点"**。不但如此,它还是近景、特写时的**眼神光**。此灯要和摄像机**同轴移动,方向一致**。要专设一名有经验、有责任心的照明助理护卫此灯,形影不离。关键时,照明师要亲自关照。

五、环境光

用来照射被摄体环境的光线即环境光,也称背景光。但它所照明的不仅是人物或其他主体对象的背景,也包括作为环境的前景,所以称环境光更为确切。环境光主要衬托主体对象,表现事件发生的时间和地点,渲染环境气氛。它的投射方向和光源性质也要按规定情景相统一,而且要力求简洁,以免喧宾夺主,扰乱观众视线。

(一)分类解读

1. 环境光包括的范围较广,不管是写意还是写实,环境光对画面的影响都是很重要的,都需要用主光、辅助光、轮廓光、装饰光等各种光线分别去打光,以突出环境光的纵深感和立体感,并创造特定的艺术气氛。

2. 大型晚会的布景也属环境光范畴。

(二)运用方法

1. 环境光的主光与副光的比是2:1,明暗对比是环境光对画面影响的关键,故不宜太亮、太平。

2. 利用背景光营造剪影时,背景光必须打亮,以突出剪影效果。

3. 电视剧拍摄野外夜景时环境光尤为重要。如树的亮度要用回光灯照射,因其投射距离较远,灯体不易穿帮,而且其光质硬,易表现质感。

4. 在设计演播室灯光时,要在地沟内留有墙插座盒(编号),供景片光和地面效果光使用,此电源需与调光硅箱连接,受调光台控制,以便营造变幻莫测的背景光线,给布景以灵气。值得注意的是,墙插座盒铺设电缆时,务必要一号一路、一插,每路放线不小于2.5mm^2。

5．景片光多以逆光为主，以突出质感和立体感。要求景片材料为半透明体，这样的背景景片才富有生命力。

六、底子光

底子光是均匀地泛照场景中的漫反射低照度光，类似化妆打底色。其主要功能是和谐画面层次，满足摄录设备基本照度要求，特别是对电视照明尤为重要。摄像机的“眼睛”与人的眼睛是不同的两种概念，它们在捕捉光信号时的灵敏度有极大的差异。因此我们在设计光线时，脑子里要时刻清醒地想到，我们是为摄像服务的。

（一）分类解读

1．不拍摄电视，底子光可不用。

2．大型综艺晚会中底子光实为重要。特别是独唱、歌舞等节目，普遍使用追光、电脑灯光、电脑变色灯光或光束色光灯等效果光，一定要用底子光（白光）铺底。使用得当，更能突出效果光效果，画面更有透视感，更柔和、清晰。

3．用激光灯展示效果时，更应该用底子光。因为激光灯光线光谱波长范围较窄，特别是绿色激光，波长只有 532 纳米，而且其本身照度又低，若不用底子光，不但整个画面灰暗，就连它本身的激光线条也难以完整地显现。

（二）运用方法

1．在设计大型综艺演播室灯光时，一般最好在电脑灯之间设计一台 2KW 的聚光灯，此灯定位散焦，再加一层 2 号柔光纸，让其提供漫反射光。悬挂定位于电脑灯同轴方向。使用时，亮度控制在 30 光度左右，以不损伤效果光柱线条为宜。

2．如果先天不足，原本就没设这一光线，可用后侧光，两边各用三台。

但照射角度尽量避开效果光的线条,或者向地面投射,也可用第一道面光作为底子光,调整好角度和亮度。

3．在拍摄电视剧时,特别是古代农村戏,因室内家具简陋又具深色,合理光源只有煤油灯和假设月光。当你把全景光线布好后,最好在房顶上粘一块泡沫板,向板上投射光线,这样处理,光线画面就和谐多了。而且煤油灯暖调的色饱和,也会显得透彻可信。

七、基本光

基本光是指演播室演区与观众区的全光谱光线的基本照度,又称基本照度,也有人习惯地称它为基础光。任何公共场合——包括会场、娱乐场所等——对照明都有一个最基本的照度规范要求。非摄像场所是为保护人的眼睛;电视照明是为满足摄录设备要求。

(一) 分类解读

1．广播电影电视部 1992 年 10 月 1 日颁布的《电视演播室灯光系统设计规范》中规定,演播室演区综合光的垂直照度不应小于 2000LX。

2．演播室演区的色温为 3050±150K。

3．演播室演区的显色指数不应小于 85 (连续光谱)。

(二) 运用方法

1．演播室的基本光主要是在灯光设计时计算把握。在设计演播室灯光时,要参照广电部的规范要求进行设计。

2．基本光实际指的是全光谱“白光”。在没有任何其他照明光照射的情况下,纯白光本身应达到基本照度的要求。

3．在设计灯具时尽量选用多功能型的。比如,基调逆光区,它所占据的演区位置是最佳方位,此基调灯具选用冷光型回光灯,加数字电脑换色器(有一档是白色透明纸)。使用时既能实现各种基调光的变换,又可满足基本光逆光区的照度要求。冷光型灯具一方面减轻了中央空调的负担，另一方面延长了换色器的使用寿命。

八、效果光

效果光是综艺晚会用的最频繁的光种，主要烘托电视节目的气氛与效果，故称效果光。

（一）分类解读

1．效果光主要指用在综艺演播室、剧院、舞台等场合的灯光。歌舞节目的气氛、节奏韵律都由它们来完成。效果光包括的品种较多，如：电脑扫描灯、电脑摇头灯、电脑变色灯、激光灯、光束灯、天 / 地排灯、景片灯、频闪灯、空中玫瑰灯、跑灯，甚至包括逆光区带换色器的回光灯和追光灯等。

2．效果光很难界定清楚。用最简单的话解读，也可说除白光外其他光都是效果光；但有时候纯白光也能营造很有语言内涵的效果。所以说照明光线的变化是非常奥妙的，关键是设计思路与使用价值的体现。

3．在电视剧布光设计中，除满足照度要求外，更多的是要考虑场景效果气氛的形成。形成这些富有语言化气氛的效果的光，可能是白光，可能是色光，也可能是月光，还可能是假设的外来光线投射到室内或窗外的光，以及汽车经过的灯光扫进门窗时的瞬间效果光，电闪雷鸣用高色温镝灯营造出的闪电效果光，等等。

（二）运用方法

1．效果光无论是综艺晚会，还是电视剧，可以说是最复杂、最难创立的照明光。因为效果光和使用它的那个人的心理素质，和这个人本身含有诸多艺术元素的经验、技术有直接的因果关系。因效果光的照明艺术在创作过程中的偶然性往往带有“复杂形式的美”，这种美感是艺术家本身超越感性认识后才获取的。

2．在综艺晚会操控指挥用光时，要掌握如下原则：一、效果光不能用个不停。任何精彩的物件，不能总在人前显摆，任何离奇的故事，不能总在人们面前说个不停。否则，精彩显暗淡，离奇变讨厌。要突入起来，静动结合，瞬息万变，见好就收。二、声、光、画合一。歌舞节目是随音乐节奏韵律起舞，演员肢体的变化按音乐节奏而动。在高亢优美的旋律中翩翩起舞，其本身就是一幅魅力十足的画卷。有时给足明暗对比的白光，让人们聚精会神地欣赏带有动感的山水画、油画，是多么大饱眼福，但有的人，不加思考地硬在画卷上添加各色"墨汁"，让人真替这幅艺术品惋惜。三、照明师要清醒地认识到一个最关键的用光理念："并非色光才是效果，白光也是效果"。什么是效，什么是果，这是照明艺术最关键的理念。群舞演员色彩斑斓的服装不是色彩吗？你理解她们服装的含义吗？你和编舞导演沟通过吗？那么，你非要把她们的黄、红、绿颜色的服装染成蓝颜色，这又是为什么呢？噢，你可能会说，我这是在变基调。是的，词面没错，但是，请问变基调应该怎样体现？不是一色的蓝光就是冷调，一色的红光就是暖调，这样来理解电视照明艺术那也太简单了。应该根据被摄物体的颜色来选用色光；可以通过标志色彩的染料三基色数式的加合表现出来。用这种加色法，既不会失去你所要表现的基调，又能突出演员服装的颜色。（见第五章第三节色光照明的基本规律）

九、追光

跟踪人物的照明光线称追光。

（一）分类解读

1．综艺演播室、舞台、剧院、体育场等场所演出均用此光为独唱演员、独舞演员进行追光。追光能引导观众的注意力，能形成画面独特的照明风格。

2．追光不但为独唱、独舞追光，在舞台剧中有时用于群像造型和收光专场。

3．大型广场演出，有时用于主持人出场进场和演员进入观众席中和观众握手时的照明。因追光光线投射距离远，在大型广场演出中追光用处广泛。

（二）运用方法

1．因演播室是以3200K卤钨灯调白平。追光灯光源色温为5600K。若正面追光，会使人物肤色偏色。使用时最好在追光灯前加一层雷登85色温纸，使人物脸色正常。

2．追光灯有起光、收光之说，在追光时要记住切入点和切光点。一定要熟悉整个演出过程，熟读剧本。不要以为追光很简单，它也是一门艺术，对整个演出气氛起着至关重要的作用。

3．演播室的追光灯一般在演区后。二层马道两侧放置两台2KW以上追光灯，追演员逆光。演播室正面二层马道上（全景机位上面）放置三台2KW追光灯（加雷登85），主要追面光。有时是双人物或二重唱，还有时是三个人，还要考虑演员到处跑动，故要三台追光灯才能满足追光要求。特殊节目若导演别出心裁，三台灯可能还不够，要灵活运用。

4．大剧院运用追光灯除面光外，一般在演区顶部特意设置4～6台追光灯垂直追光，以备戏曲定点追光。垂直的优点是光斑呈圆形，造型视觉美观生动。现在也有用电脑灯进行追光，但总感觉没有追光灯到位。

5．追光灯追光和电脑灯追光的最大区别是，追光灯在舞台有效垂直位置，追光跟踪准确，光斑圆、美，但耗费人力（一灯一人）。而电脑灯追光比较死板，跟踪不灵活，有时追不到位，而且光斑变形，大小不一。唯一好处是节省人力，只需照明师在电脑灯控制台操控即可。但电脑灯被占用追光，有时也会影响电脑灯对节目的配置。除非单独设计一组电脑灯追光，这倒是一个好主意，但经济上要多支出点儿。这个办法演播室也可以实行。

十、前侧光

前侧光也称斜侧光，指被摄体前面任何高度的正面侧光，与被摄体成

45°左右的水平角度。这种光线比较符合人们的视觉习惯。前侧光因它的光位而得名。

（一）分类解读

1．在新闻演播室静态布光中，它和主持人的主光位置相同。

2．在综艺演播室动态布光中，它是两边侧光的前侧主光。

3．在大剧院中，此光相当于耳光（前主光）和柱光（后主光）。

（二）运用方法

1．在设计灯光时，必须考虑建筑形状、面积、环境、演绎理念去设置前侧光的位置与功率。在灯光设计理念上，前侧光的光比必须被纳入主光光比的范畴。

2．视演区长、宽范围设置阶梯式主光效果的前侧光。

3．布光时，前侧光面向演区成45°角，逐个向演区交叉布光。

十一、侧逆光

侧逆光指被摄人物后面的侧光。即光线来自后侧方，与景物、摄像机成135°左右的水平角度。以侧逆光照明的景物，大部分处于阴影中，被照明的一侧有一条光带，勾画出景物的轮廓线条，将它同背景分割开，使画面具有空间感。若平现一个较开阔的场面，用侧逆光照明可造成强烈气氛。

（一）分类解读

1．在自然光条件下，可调动被摄景物的角度和摄像机的机位来造成侧逆光的照明效果。

2．剧院因幕布遮挡，故不设侧逆光。

3．侧逆光在人工光中只有综艺演播室和专题演播室、虚拟演播室设计侧逆光。

（二）运用方法

1．在综艺演播室动态布光中，侧逆光属演播室两侧后侧光，主要目的是满足2号机位的拍摄角度，因2号机是对角构图，对于全方位布光的综艺演播室来说，侧逆光弥补了对角构图的盲光区。

2．在布光时，侧逆光逐个向演区斜侧阶梯式交叉布光，以满足2号机位的被摄画面强烈的逆光透视要求。

十二、侧光

侧光，即来自左侧或右侧的光线，同景物、摄像机成90°左右的水平角度。因侧光照度可获得较明显的质感，它能很好地揭示景物的表面结构。

（一）分类解读

1．在综艺演播室中，设置在演区两侧中间部位的光叫侧光。

2．在大型剧院中侧光不叫侧光，称吊笼，实际就是侧光。

3．在专题类演播室中，为了访谈群像用光和智力竞赛用光也设侧光。虚拟演播室用光似动态全方位布光法，所以也应设侧光。

（二）运用方法

1．演播室动态布光，侧光正方向分别向横面演区布光，两道侧光前半区、后半区交叉布光。注意和前侧光、后侧光的光线衔接。

2．智力竞赛时的布光，第一道侧光照射对方的面光，第二道侧光照射本侧参赛人员的逆光，以此类推。

3．大剧院侧光布光设计，一道边幕空隙设一个灯笼，因剧院较宽，故悬吊灯的舞台笼上最少设上下四排聚光灯。布光调试时由上至下逐个阶梯式布光，最高的灯投远点，两侧交叉对角布光。为了增强侧光的质感，一般剧院除灯笼外，还设一部分流动光以供戏剧效果光用。侧光无论是演播室还是剧院，其运用价值非常高，在设计运用时要重视。

十三、逆光

逆光，是由摄像机的相对方向和人物背后射来的光线，可勾画景物的边缘轮廓，并与背景之间造成纵深感，以突出主体对象。在实际运用时，用逆光拍摄外景的全景或远景，可使画面晶莹透亮，层次丰富，色彩清新，富有生气。

（一）分类解读

1．在静态布光中，逆光与被摄人物成顶逆光，只要照亮人物的双肩和头发即可。

2．在综艺晚会布光中，逆光既是轮廓光又是基调光。剧院、舞台也是同样用法。

3．电视剧场景布光中只设主光，逆光的形成因人物背对主光而产生。

（二）运用方法

1．静态布光中的逆光与被摄人物、摄像机、副光成一条水平直线，以人物双肩呈双肩章线条和发光不发毛为准。注意头发光不可靠前，应杜绝“草帽”光。

2．综艺晚会、剧院视演区深浅设计逆光，一般逆光间距为 3m，灯与灯横向间距以挂点计算为 1.5m，吊杆两头挂两台。如：12m 长的吊杆，两头挂两台，一共 10 台，再将 10 台平分间距。一般先定演区最后一道杆，排列序号与面光反向，双方都将台口方向定为第一道（面或逆）。若该演区设计四道逆光，先定第四道杆为 10 台逆光，第三道就设 9 台，第二道设 8 台，第一道设 7 台。这样安排的好处是：一、前后灯与灯不会被挡。二、光斑衔接均匀。三、整体造型美观。四、节约资源。五、如果每杆 10 台，实际有 6 台是多余的，不但耗电，更重要的是有效光斑重叠，容易造成点状光斑曝光过度。

3．在综艺演播室与剧院、舞台灯光设计理念定位上，逆光既是基本照度的逆光，又是色调变化的基调光。它还被用作群像造型与定点造型光。少许效果烟雾，能显长硕光柱。是烘托气氛、凸显轮廓的重要光线。

十四、顶光

来自物体顶部的光线，与景物呈垂直角度照明。用这种光线照亮人物，人物头顶、前额、颧骨、鼻头很亮，而眼窝、两腮和鼻子下部完全处于阴影之中，造成一种反常奇特的形态。除特殊要求外，一般都避免使用这种光线拍摄人物的近景和特写。

（一）分类解读

1．过去大型剧院的灯光设计，均采用一顶一面的布光方法，主要是因受剧院多道幕布的限制，远距面光无法进行有效照明。实际顶光在这里又充当了顶逆光，此法至今还在沿用。

2．摄影棚拍摄广告采用顶光照明，但灯的下方设一道白柔光布。

（二）运用方法

1．剧院戏曲演出，分多道幕布演区，灯光配光要分区、分段进行切光、起光。每一段演区都设置了顶光、面光，再加上两侧光和柱光，足以满足戏曲演出需要。

2．摄影棚拍摄高调广告，棚顶悬吊数台回光灯进行顶光照明，灯下部平拉一块白色透光布，距灯 3m 左右即可。

3．拍摄电视剧为了抢时间，有时外景自然光处于强顶光，这时照明师就采用白布遮挡法，变自然光为人工漫反射光，来完成拍摄任务。

十五、脚光

光线由下部照射景物，称之为脚光。这是一种反常的光位，其效果与顶光相反，投影落在景物后上方。照射人物时，其下颌、鼻孔、两颊很亮，而鼻梁、眼窝和上额部分则形成黑窝，造成一种反常的、怪诞的造型效果。此光没有特殊需要一般不用。

（一）分类解读

1．过去剧院台口处设置脚光，供戏剧演出用。现代反面用光已废除此类用光。

2．影视剧对特殊人物、特殊场景用脚光。

（二）运用方法

1．电视剧拍摄人物凶相毕露的近景和特写时用脚光。

2．拍摄气急败坏人物的近景特写时也可采用脚光照明，使之脸孔变形，造成反常变态效果。

十六、夹光

夹光，别名蝴蝶光。此光从被摄人物正面两侧各45°左右水平角度同时照明被摄人物的脸，又叫夹板光。此光照明使人像形成双鼻影，像一只蝴蝶趴在鼻子上，在人物形象的美感和光线合理性上都不符合视觉规律。

（一）分类解读

1．夹板光主要在新闻静态布光和人像布光中容易造成此现象，因此在布光时切忌两边同时向人脸投射光线。

2．现今仍有个别电视台新闻演播室采用环形布光，搞不好很容易造成播音员脸部呈淡淡的蝴蝶光影。如果使用的是三基色柔光灯可能还好一点,但最好采用三点布光。

(二)运用方法

1. 对静态布光,无论采用聚光灯还是采用三基色灯都应把光比拉开,用三点布光法为主持人或人像精心布光。注意修饰光不能参与造型,它的作用是修补。

2. 切忌环形布光。此种布光下人物造型平淡,而且人脸向球形发展,会显圆胖。不但不能遮丑,反而提高缺陷。

十七、眼神光

专门为眼神投射的光线称眼神光。拍摄电视剧人物近景或特写时,特别强调眼神光的作用。眼睛是心灵的窗户,电视剧近景有"**近取神**"的说法。这个神就是指人物眼睛的传神。

(一)分类解读

1. 在电视剧中,人物近景和特写必须有眼神光,否则,近特镜头将失去意义。

2. 综艺演播室、新闻、专题片、剧院、虚拟演播室等任何场合的电视照明,都应重视眼神光。

(二)运用方法

1. 眼神光最复杂的是光斑。特别是电视剧中的近景、特写,光斑的处理要考虑光源方向的统一性。人物的情绪、人物的视线、画面的调子、日景和夜景,在光斑处理上都有所不同。

2. 最理想的光斑表现为一个不大的光点。光斑多,神则散;光斑大,神则失。

3．眼神光要尽量做到二要四忌：

一要符合剧情；二要足以表达人物特定的精神状态。

一忌大，二忌中，三忌杂，四忌为光斑而光斑。

4．新闻播音员的眼神光利用副光光位。副光灯位置以看不见播音员后背影子为标准。

5．综艺晚会体现眼神光，也是用副光光位。尽量降低面光，以全景镜头不穿帮为宜。布光时，打开观众席后座上的全景摄像机，调整面光的高低即可(因全景摄像机是固定镜头)。

十八、引导光

引导光，引导观众的视线，使它们朝一定的方向，集中在某一细部上。由于孤立的影调、相邻影调的明暗对比，用构图线条的汇聚、用层次丰富的影调把观众的视线引导到要注意的地方。

(一) 分类解读

1．引导光一般都用在有情节的电视剧中。

2．在戏剧舞台上也时常用引导光表现内涵。

3．在综艺晚会上，定点光、造型光、追光等都属引导光系列。

(二) 运用方法

1．电视剧夜景用光中。如，一个小偷从窗口爬入，电闪光照亮了小偷的脸，或惊动了主人，一道手电筒光柱射向小偷……

2．引导观众推想并不真实或并不完全真实的事情。如果我们用夸张的光线表现表面结构或外部形态，或者造成一种虚假或暧昧的色调关系，就能引导光的运用。

3．引导注意力，用影调关系和细部的清晰能把注意力引导到画面的特定部分。引导光必须满足：(1) 孤立的影调；(2) 有明暗丰富的层次；

(3) 明显的构图线条；(4) 细部的清晰和景深的调节。

十九、道具光

道具光，又称剧情光，是贯穿剧情的道具专用光线。

（一）分类解读

道具光在电视剧中属写意照明艺术。

（二）运用方法

电视剧场景布光，为了强调道具的贯穿内涵，可单独设计一束强光线照射。此光线是写意光，不需要顾忌光轴，但设计一个合理的假设光线更为理想。

二十、服装光

专为服装照明的光线。

（一）分类解读

1．服装光，主要用于电视剧布光中。特别是近景时，有时为了彰显服装的雍容华贵或服装的颜色较深等，都要单独加服装光。

2．新闻主持人布光时，有时也会为服装加光。

3．这种特殊光线，只在静态布光时应用。

（二）运用方法

1．电视剧布光中对有情节联系的服装，或服装上某些能吸引观众视线的挂件等饰品要用服装光加以夸张。用服装光要注意遮挡，不要将光线照射到人物脸上和脖子上。尽量采用侧光照明，使服装有质感。

2．表现雍容华贵的特殊贵人时，尽量用硬侧光束，根据服装颜色定照度。比如：皇帝穿龙袍，拍摄这种至高无上的人物时，他身上的光线就应与臣子们身上的光线有很大的区别。

二十一、头发光

头发光，专为头发设计、造型照明的光线。

（一）分类解读

1．在写意艺术作品中，头发光强调“**画面唯美主义**”效果。

2．在写实艺术作品中，则根据主光源方向来呈现头发光。

（二）运用方法

1．唯美主义头发光的打光方法是：用两盏一高一低的照明灯为头发打光。其效果以透、美为标准。光比和照度不易过大，追求自然美。但宜在拍近景和特写时用，若拍全景时使用，要注意冲光和避免穿帮。

2．写实照明艺术中，头发光必须视光源方向、角度、距离而使用。千万不可滥用，否则会“**画蛇添足**”。

3．头发光有一定的阶级性，不是随便哪个人物都使用头发光。对反面人物的头发光必须根据剧情需要进行布光。虽反面人物处于逆光状态，也要突出其个性化的怪异头发光，对他可千万别谈什么“唯美主义”。

二十二、反射光

不直接照射被摄物体，而是通过反光板或反光率较高的物体反射到被摄物体上的光线称反射光。

(一) 分类解读

1. 反射光在演播室不常用,但在电视剧的用光中,反射光可是一种较高的技巧。我们必须熟练掌握。

2. 电视剧用的通过反光板、反光伞、反光布等反射到物体上的光属于反射光系列。

(二) 运用方法

1. 反射光照明法也被称为**"间接光照明法"**。反射光最大优点是细腻、柔和。反射光发光面大,更易获得眼神光。

2. 室内拍摄如果将**"塑料薄膜顶光照明法"**与**"反射照明法"**结合在一起加以使用,则获得一种全新的布光法——**"柔光布光法"**。

3. 反光板的优点是轻便、经济。其规格大体可采用 500mm × 800mm 或 800mm × 1000mm 的规格。反光板所用反光纸,以不改变光源色温和漫射反光率高为宜。反光板可以与碘钨灯连接在一起,成为**"连动式反光照明"**,也可分开为**"非连动式反光照明"**。

4. 室内拍摄,特别是实景拍摄,因环境窄小,也时常利用反光间接照明法来完成照明艺术创作。

5. 使用反光板时,灯具不要高于反光板下部边缘。一般灯具与反光板成 45° 角,或根据现场实际位置确立最佳反射角度。一切要灵活掌握。

二十三、布景光

布景光是专用于照明布景的光线。电视演播室、综艺晚会的布景光显得尤为重要。它因布景直接参与电视画面的构图与造型。

(一) 分类解读

1. 电视晚会的布景是根据晚会主题内容而设计的布景,所以每场晚会的布景因内容不同其布景就有所不同。好的舞美师设计的布景非常切题，照明光线要随之附题。

2．电视业内有“**景是本，光是灵**”之说。

（二）运用方法

1．舞美师在设计布景前、设计完稿后都要和照明师沟通设计布景方案和布光方案。在共同研究时就应该设计出一套完整的布光思路。与美工师达成共识。千万别“**临阵磨刀，越磨越糟**”。

2．布景光必须专设电缆，受硅号和调光号控制，与效果光错位变化效果。

3．布景光以逆光为主，灯具一般采用光束灯、单联地排灯加换色器照明。

4．对布景布光，采用空中吊灯与地面灯上下交叉的照明方式，对景片进行布光。达到影调、色调内涵和谐的照明效果。

5．照明师自己对照明光线满意后，务必请导演、舞美师确认。这是涵养较高的照明师的工作方法，有不同意见再进行微调，直到合作愉快（这个经验很重要）。

6．会标要专设成像灯进行白光照明，高低、角度以平行照射为好。会标光要单点光，高亮度，不闪动，要明显突出晚会主题。

7．关于布景材料照明师应在预备会上阐明观点。通过后再与舞美师协商具体材质。高度、宽度也是照明师应关心的问题，因为它与照明光线的发挥有利害冲突。为了布景便于基调染色，采用半透明材质，杜绝用三夹板做布景。布景颜色以中间色为最佳，切忌大红大绿。

二十四、暗示光

根据剧情需要，暗示某一事件即将发生的特型照明光线，也是展示灯光心理和灯光语言的潜在语言的光线。

（一）分类解读

1．暗示光在电视剧中用得比较多，很多场景的意境光就属暗示光的范畴。

2．大型综艺晚会、戏曲舞台也经常出现暗示剧情变化的光线。

3．暗示光是写意手法潜台词的布光技巧。

（二）运用方法

1．在电视剧《西施》"卧薪尝胆"一场戏中，设计月光从窗外射进草棚内，造成阴沉的冷调，衬托勾践当时的心情。借用室内的煤油灯光线，在草棚门口布了一道橙色光斑，暗示观众，勾践迟早会冲出黑暗，走向光明。

2．又如某大型晚会中的歌曲《故乡的云》，该曲基调设计为黑暗"低调"，用孤立的追光冷色光线跟踪照明，演员演唱的悲伤与场景孤独无援的光线，形成了强烈的"回归渴望"，当唱道"归来吧！归来吧！"时，天幕上突然闪现红色的光芒。暗示海外游子们，归来吧，祖国人民欢迎你。

二十五、假设光

假设光是拍摄电视剧某一场景时，为满足电视画面用光的需要，人为假定设计的某一光线。但此光线必须合情合理，必须假设出环境中的光源理论依据，让观众信服。

（一）分类解读

1．此光只有在写实艺术电视剧中使用。电视剧毕竟是艺术品，在写实艺术中，不能忘记写意。

2．假设光是照明师在电视剧布光设计中，合理运用光线、创建环境中并不存在而又在情理之中、意料之外的光线的用光手段。

3．假设光是没有光源的光线；是为了电视画面造型构图需要，假定此处有光源而设计的光线。

（二）运用方法

1．假定某一墙壁上有盏壁灯。

2．假定窗外有路灯光线射进屋内。

3．假定某角落有地灯。

4．假定隔壁房间投过来光线。

5．假设光的运用，只要有可能，就要为光线投入场景寻找借口。为了让人信服，必须采用一系列的巧妙手法，满足观众的视觉欣赏欲望。观众总是愿以姑妄信之的态度来帮助你应付过去的。

二十六、起点光

在动态布光中，起点表演往往强调人物的神态（近—拉镜头），起点布光注重人物的神似、貌似。

（一）分类解读

1．起点时，演员往往处于静止思索状态或在对话。镜头大多数是近景和特写，演员的细微表情都应交代清楚。

2．起点光不单电视剧中有，专题节目和智力竞赛节目拍摄中，主持人常常由静止座位的点，起身走向另一点问话或采访。静点讲话时往往是坐姿，当由坐姿站起来边说边移动时，就更显出起点光的重要性。

（二）运用方法

1．布起点光时必须和被摄人物沟通行动路线，照明师必须遵循构图三要素给其规定位置、面积、角度和行动路线，否则你会劳而无功。

2．光布好后，让演员或主持人走地位，观察光效。

二十七、落点光

在动态布光中，演员行动到某一个位置停下后或看见什么，或转过身来讲些什么。此光种一般和起点光，过渡光为套路布光法，它既像定点光又有别于定点光。

（一）分类解读

落点光是专为动态演员行动后定点静止所用的照明光线。要求人物找光区，而且地位要走准确。照明师必须告知演员光区的方位与范围。

（二）运用方法

同起点光相似。

二十八、过渡光

过渡光是演员行动路线中的照明光线。此光线突出的是“势”，故在照明用光上允许明暗起伏，且不可追求刻意的人为布光设计。有时忽暗忽亮更能显出此种光线的特点。

（一）分类解读

1．过渡光在电视剧中用得较频繁。如走廊、楼道、从客厅到房间、从房间到门口等路线中的环境光线，均可称为过渡光。

2．电视剧布光中，若没有合理的环境提供照明条件，允许明暗反差，但要杜绝一明到底或一暗到底的布光方法。过渡光一定要体现出透视和层次，构图造型重在整体画面，而不是人物脸部。人物脸部孤立的神秘光条更能引起人的窥视欲。

(二)运用方法

1. 夜间外景没有合理光线,那么月光或来自屋内的窗户透射光也可提供过渡光的布光依据。

2. 夜间在楼梯上行走,楼道的窗户可设计利用屋外路灯或月光照明,但必须是光斑线条状,避免大面积亮。布光时采用黑旗或挡光板进行有意识的修饰,可获得较好的艺术效果。

3. 走廊中的过渡光,可将走廊两侧的门敞开,在室内布灯向走廊投射。如果走廊很长,该镜头画面又要体现一群人的行走气势,一般两侧交替间隔一至两个屋门布一道光。有时也可按走道顶上的灯位从门里向外投射漫反射光,这样较为理想。

二十九、透射光

透射光是通过透射介质而形成的半漫反射光。

(一)分类解读

1. 此光多用于广告片拍摄用光。

2. 电视剧外景遇强烈顶光时也采用透射光拍摄。

3. 电视剧人物光或场景补光,也时常采用透光布来形成透射光进行拍摄。

(二)运用方法

1. 摄影棚内拍广告时。棚顶吊 6 ~ 8 台 2KW 回光灯(根据摄影棚大小定灯的数量),距离灯 2 ~ 3m 处绷一块白色透光布,形成大面积透射光(有的用半透明塑料薄膜)。若拍高调还需在地面和背景上铺上白布,两边撑起白布墙,照明灯通过白布墙向场内打光,副光也应用柔光灯或在灯前加柔光布白旗进行打光。

2. 外景拍摄电视剧时。如果一场戏开始用的是假阴天，还剩几个镜头，突然太阳当空照，若要继续拍摄光线明显不接，这时照明师必须撑起一大块白布，利用透射光完成拍摄任务。透光布是照明师必备的工具。

3. 电视剧室内、日景的人物光、场景光，用灯直接照射会出现光影，或照度太过而架灯位后退又无空间。这时你必须采用灯光架(魔术腿)，架起事先备好的透光布，照明灯照射在透光布上进行补光，能创建良好的照明光线。

三十、定点光

定点光是专为演员、主持人单设的定位光。

(一) 分类解读

1. 在大型文艺晚会中，特别是群舞定点造型或结束造型时，大多采用定点照明，以引导观众视觉的视聚，凸现画面张力。

2. 戏剧舞台也时常用定点光来烘托演员的表演，用孤立的照明影调展示人物的表演内涵。如样板戏《沙家浜》每场结束都有一个集体造型，这时的定点光显得格外重要。

3. 晚会主持人若在前台右角给其布一组定点光，会显得比追光灯更有魅力。

(二) 运用方法

1. 定点光在晚会和戏曲舞台上已经成为时尚的照明理念。有时用电脑灯提供定点光，有时用回光灯、聚光灯设计定点光造型。每场晚会最少要用十几个定点光，记住，定点光必须观看演员排练后，根据演员造型位置设计布光，光位要准确，演员走位也要准确。和落点光一样，是演员找光而不是光找演员。

2. 定点光主要突出演员造型，最好是用造型顶部的直射光。光斑不要投射出造型区域最为理想。

3．主持人定点光要注意眼神光的运用，切忌用色光，尽量用白光，光斑不要太大，主持人必须在现场定位布光，光布好后在光斑中心画个标志，并告知对方定位要准确。

4．色调定点光要加一盏白光散光灯，以确保电视画面质量。

5．单人定点光尽量少用色光照明，否则会使画面模糊不清。用白光定点光同样能展现节目的内涵。因为，单人就一个光束，其他区域黑成一团，孤单的光束本身就富有潜意识的语言功力，再加上演员的表情、服装的色彩、透亮的画面，观众能不为之震动吗？假若你非要用色光表现某种意境，不是不行，但必须注意色彩的饱和度和光谱的显色性能。因电视照明是由摄像机捕捉光线后界定画质的，戏剧舞台是人眼直接界定的，为电视布光和为眼睛布光是两种完全不同的用光理念。

本章思考与练习题

1. 人工光造型骨架的布光五要素是什么？
2. 人工光线的魅力是什么？
3. 人工光线光种有多少类？分别列出它们的名称与定义。
4. 起点光、落点光、定点光的概念是什么？
5. 单灯光斑定位法指的是什么？

第八章 三点布光演变与三度布光延伸

本章内容提要

★ 三点光是写意性演播室布光演变过程的先驱；三点光是影视剧照明演变的灵魂；三点光是构成三维物体与空间在二维图像中的立体形状的基石……

★ 三度布光法在综艺演播室中是根据对人或物体的造型形式，表现出一个具有三度关系的图像。而三点布光法侧重指灯位在不同的三个点上。

★ 三点布光是在三度空间设置了不同的三点光位；三度布光法依据三点布光原理在动态演播室中呈现了立体交叉布光；三度布光法是三点布光为了满足动态人物在三度演区中的照明要求而作的光线延伸。

说起三点光，业内人士都不会陌生。三点光是照明前辈们最常用的一种布光方法。所以后人们习惯称它为传统布光。正是前辈们遗留下来的这个三点布光，使我领悟到了布光原理的真谛，也悟出了这个所谓的传统光之所以经久不衰的内在的深层原因，更悟出了三点光是写意性演播室布光演变过程的先驱，三点光是影视剧照明演变的灵魂，三点光是构成三维物体与空间在二维图像中的立体形状的基石……

去年我在某学院讲课时，有位年轻教师竟然说“三点布光早已被淘汰了”。我想，持这种观念者好好研究一下三点布光的演变过程，就不难认识其谬误。

笔者之所以把三点布光列为独立篇章，就是因为笔者认为三点布光是影视剧、演播室等布光中的核心原理。无论你是摄影、摄像、照明还是照明设计，只要弄明白三点布光原理，你在布光中就有了方向，你对光的定位就有了设计依据。就像影视剧中的拍摄“轴线”被称为“三角形原理”一样。编摄人员围绕被摄对象进行镜头调度时，为了保证被摄对象在影视画面中位置的正确和方向的统一，摄像机要在轴线一侧 180° 之内的区域设置机位、安排角度、调度景别，这即是摄像师处理镜头调度必须遵守的“轴线规则”。那么，遵守轴线规则的原理，便是“三角形原理”了。弄明白了三角形原理的演变过程，也就自然明白轴线规则了。三点光原理、三角形原理，虽一个是照明原理、另一个是摄影摄像原理，但它们却有异曲同工之处。下面就让我们剖析三点布光法的原理与演变过程。

第一节　三点光的起始根源

前面说过，三点光是照明前辈们传下来的传统布光法，笔者在上世纪 70 年代刚接触照明的时候就听师傅说三点光，从那时起我就对三点光产生了浓厚的兴趣。那个时代的师傅是不教原理的，你要问他为什么，他会说“你的眼睛”呢？所以逼着你去想、去悟、去琢磨。通过多年的布光实践，我终于明白了师傅总说“你的眼睛”的含意了。

照明这个行当，必须善于用眼睛观察，观察万物被光线照射后的千姿百态，观察自然光线透过窗户，在室内形成的光影变化。因为照明是为视觉艺术服务的，人和物再美，人身材再好，若不借助光线的照射，是不可能在影视画面里显影的，这个最简单的道理人人都心知肚明。“艺术源于生活，高于生活。”这句至理名言也是艺术家们常挂在嘴边的口头禅。照明艺术不也正是如此吗？事实真理告诉我们，人类一切艺术作品，都是遵循大自然的规律而进行模仿、重复、创作。违背了这个自然规律，就会失去自然生活的真实性，更谈不上所谓的艺术价值和魅力了。

三点布光就是模仿大自然的产物，就是依据太阳光对大自然中的人和物的照射所形成的立体形态给人类的启示而来。有人不禁要问，太阳不就一个点吗，怎么会出现三点呢？这个问题提的很好，要解释这个疑问，咱们首先认识一下三点光的起始根源。太阳光的照度范围能使整个地球享受到它的温暖。它究竟有多亮？至今仍未有一个准确的结论，但有一个规律人们可以验证，这个规律就是当斜侧面对阳光时，人物脸的光照造型是最美的，也是最有层次，最有立体感的。照射到人物前侧脸上的光线，被前辈们定为主要光线，就是咱们所谈的主光。荷兰著名大画家伦勃朗对这一 45°的前侧光情有独钟。他创作油画的用光，大都是用前侧光勾画意境。此光后来被人们称为“伦勃朗光”。那么副光又是哪儿来的呢？副光是由大气层的透射、地面反射、周围环境反射等所形成的。因为副光是反射光，光线性质比较软，故被定为软光。所以，布光时均在照明灯上加上一层柔光纸。后来人们又发现，当人和物体与太阳光成反方向时，人物的轮廓线是那么的突出，头发是那么的迷人。因此，在人物布光中又出现了一种光线，那就是逆光。人类清楚地认识到，只有三点布光能完成三维物体与空间在二维电视图像中的立体造型。只有三点布光才能更好地表现人物的造型艺术美感。例如，一个圆柱体要达到较好的三维形体的表现，仅有一次光源是不够的，还需要二次光源、三次光源。特别是演播室布光，因为演播室设计为封闭无窗户的拍摄场地，要求无外界光源干扰，是一个漆黑又无反射光线的环境。试想一下，一个圆柱体在无任何有源光线照射的情况下，仅靠一束光线从某一角度照射，是很难表现其立体形态的。

圆柱体如此，那么人物呢？说的不雅一点儿，人的头部相当于球体，身体相当于圆柱体。要想把人物的立体形态更好地表现在二维的电视图像中，仅有一点光源，反映出的亮面是不理想的。需要再设置另外一个光源，把暗面打出层次来，同时控制好光影。为了把物体和人物从背景与光度间隔开，还需要在人物背后一定的位置上再设置一个光源，用光线刻画人物轮廓，这样就近似于**在三度空间设置了不同的三点光位**，对于再现物体的立体形状是较完美的一种布光方法。所以说："**三度布光法又是三点布光法的合理延伸**"。

第二节　三点布光与三度布光的概念

三点布光法侧重指灯位在不同的三个点上。静态布光中不就是以三点布光法为蓝本，对人物进行三点布光造型的吗？如新闻演播室对播音员的布光造型，专题访谈、智力竞赛等节目中的布光造型，就连人像摄影也要遵循三点布光才能美化人物。

而三度布光法是根据对人或物体的造型形式，表现出一个具有三度关系的图像。

动态布光中的大型文艺晚会，在灯光设计中首先考虑的是，如何完美地体现人物在电视画面中的三度关系的图像问题，所以把综艺晚会布光称为"立体交叉布光法"。这个所谓的立体交叉指的就是上下左右都必须采用三度布光法。只有这样，才能创造平面画面中的立体形态。熟知三点布光原理，设计演播室的三度灯光关系才会有方向感，才会轻车熟路。

那么，三点布光和三度布光的概念原理又是什么呢？上面已经阐述了两者的区别，更直接地说，三点光源只形成三个点的光源(三盏灯)，对人和物进行照射。而三度光就不同了，虽然它和三点光同样来自三个相同方向的三种光源，却不是三点而是三度。点的概念是一盏灯照射的光源，度的概念却不是一盏灯照射的光源，而是根据三度关系的空间、面积和范围，确立三度照射光源所需灯的数量。所以三度布光法又是三点布光法的延伸。这就是我为什么要对三点布光法进行专章论述的原因。

三点布光法和三度布光法从概念上分析是有较大区别的，但从性质理念上分析又属于同类布光方法。之所以说三度布光法是三点布光法的延伸，从产生根源上讲，三点布光法是依据自然光线的自然规律而形成的，三度布光法是根据人和物体当时所在场所的环境、范围、面积、朝向、拍摄角度等，依据三点布光原理而形成的三度布光法，目的是使拍摄场地的人和物体的造型更加全面。在演区范围内，无论人物走到演区任何位置，处在任何角度、任何方向，都有三点光线的照射。使拍摄出来的电视画面，都会完美地表现出具有三度关系的立体图像；使电视画面在灯光的照射氛围中，更好地营造出三度空间——空间感、透视感、立体感。如下A、B图所示：

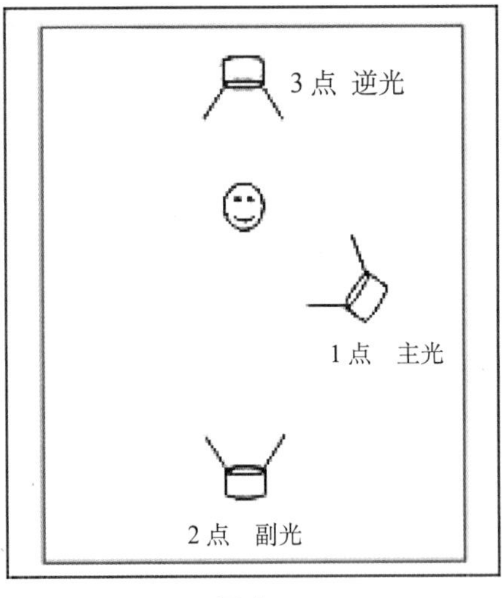

图A

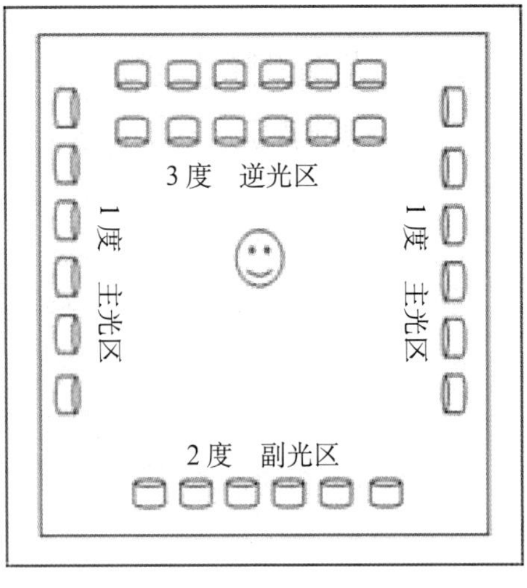

图B

第三节　三点布光是构成基本布光法的基石

第一点光线，称为主光，它规定了方向、角度与范围，规定了照明光轴与照射角。起着主要造型和确定光影格调的作用。

第二点光线，称为副光（又称辅助光），它辅助照射主光未照明的区域，并可通过它来调整光比，柔化主光形成的阴影。

第三点光线，称为逆光（又称轮廓光），前两度光布光完成后，需要把物体与环境隔开，产生一种深度与层次。

在第一点光线、第二点光线、第三点光线的共同合作下，完成了三维物体与空间在二维图像中的立体造型。这就是我执意要推荐的所谓的三点布光法的美妙之处，说它是基本布光法的基石我认为恰如其分。

前面已经解读了三点布光法和三度布光法之真谛。明白了三点与三度的重要性，你就不难明白我前面称三点布光为“**照明演变灵魂**”的道理。所谓“照明演变灵魂”，就是当你为演播室设计布光时，若你脑子里始终有三点和三度布光法之魂魄，你说你还有什么照明设计完不成呢？**光线本身就是万物之灵，“光”这个“灵”毕竟还要依赖人类的“灵魂”去指挥它、设计它、安排它。如果照明师失去照明设计理念，那就等于失去了照明光线本身的“灵魂”。一个失去灵魂的光线它还会有思维敏捷的语言吗？**所以说，我们学习照明不能就事论事，死板教条，要活学活用。从视觉心理“悟”照明语言的内在含义，从根本上、从原理上找答案。否则，你永远是一个“照明匠”。

一、从光源与被摄体的相对位置分析三点布光的演变

演播室综艺晚会的立体交叉布光法，就是三度布光与被摄体之间的相对位置的区域三点布光法。如果人物面向副光，从三点光源学说来分析，

人物的背面为逆光，人物的前侧光便是主光源；如果人物面向前侧光，也就是说人物面向主光位方向，那么主光位就变成了副光位（顺光位），而原来的副光此时充当了主光源；人物背朝摄像机，面向逆光方向移动，这时光源与被摄体之间的相对位置又全部发生了变化。用三点布光演变原理分析，原来的逆光此时变成了副光（面光），面光变成了人物的逆光。随着人物向后移动位置以及角度发生变化，侧光、侧逆光又分别担当起主光光源的职能。

二、从静态人物布光法分析三点布光的演变

所谓静态人物就是指处于静止状态的人物。如新闻类、专题访谈类节目中的人物。新闻类节目人物面向副光，其前侧光为主光，人物背后为逆光。因是写意布光艺术，一般人物另一侧还要加一道修饰光，但此光并没有名分，它不属三点光范畴，只是起到修修补补的作用。新闻主持人的三点布光应注意几个演变要点：

1．摄像机、副光、人物、逆光要成一条垂直线。

2．主光与人物角度一般成45°角，但要视人物脸型胖瘦适当调节角度（脸胖则角度大，脸瘦则角度小）。注意调节主光的高低，以形成人物鼻影“等线三角形”为最佳位置。

3．修饰光虽然没有名分，但此灯并非限用一盏，可根据人物脸形的缺陷情况需要，任意加灯进行修补。但要严格控制亮度与注意遮挡。此光以不出现鼻影为最佳修饰光照度。

4．逆、主、副三点光相应光比均为二比一，即逆／主（比），主／副（比），副／背景（比）皆为二比一。抠像背景不在此范畴。

5．副光不宜过高，逆光不易过前。逆光以人物轮廓和两肩平行线条与头发光适中为好。副光以调节光比、和谐脸部层次、凸显眼神光为主。

三、从动态人物布光法分析三点布光演变

所谓动态人物是指人物在演区前、后、左、右运动不定。人物无论面朝哪个方向，照明光线都必须满足人物的三点布光和三度布光。如综艺晚会，无论是独舞还是群舞，无论是小品还是戏曲表演，演员都不应因为光的条件而受到限制。照明要为演员创造自由发挥的空间，实现电视画面三度空间的艺术效果。因此，我们事先在进行照明设计时，就必须考虑周全，用三点和三度布光法来满足综艺晚会多人物、多造型、多机位、多角度的用光需求。综艺晚会直播或录播均采用多台摄像机拍摄，每台摄像机的位置、角度和拍摄画面构图都有规范的摄制要求。动态演员在演区中的形体方位，有时在同一瞬间和多台摄像机发生相对、背对、侧对等不同距离、角度与拍摄方位的位移。如果没有三度布光的区域范围光源的设置，是很难满足多机位、多角度的拍摄要求的。正是依据三点布光延伸原理的演变原则，按演区区域范围进行了科学的三度光源布光，才能表现出一个具有三度关系的电视画面图像。无论演员走到演区任何方位，无论摄像机与演员成何种角度，均不会因为光线造型的原因而导致电视画面黯然无色。

四、从三度布光法分析三点布光演变

所谓三度布光法，是根据人和物体的造型形式，表现出一个具有三度关系的图像。也就是说，用三度布光法营造一个**连续性的三维光区**，对人物进行照明。如逆光区、主光区、面光区。为了满足演区纵、横深度空间照度，往往间距 3 米设一道基调光（回光灯带换色器）。大型演播室逆光区一般至少设五道基调逆光；主光演区两侧各设三道光（其中有一道为效果光，两道为后侧光、侧光或前侧光）；舞台口至观众席，面对演区设三道面光（副光）。因此，演区越大，照明灯具数量就越多，而且逆光区、主光区、面光区（综艺晚会、舞台称面光）的灯具都是按一定光比的比例设计安装的。照明

灯具有效光斑照度范围与演播室实际面积决定了照明灯具的数量。无论演播室悬挂多少照明灯具，只要用三点布光理念去分析、去分类、去对应，你就会发现，三大光区诸多照明灯具就是三度布光法的翻版。更确切地说，把三个光区视为三个点，就是三点布光法演变到三度布光法。所以说，综艺演播室的设计理念还是三点光的组合。如下图所示：

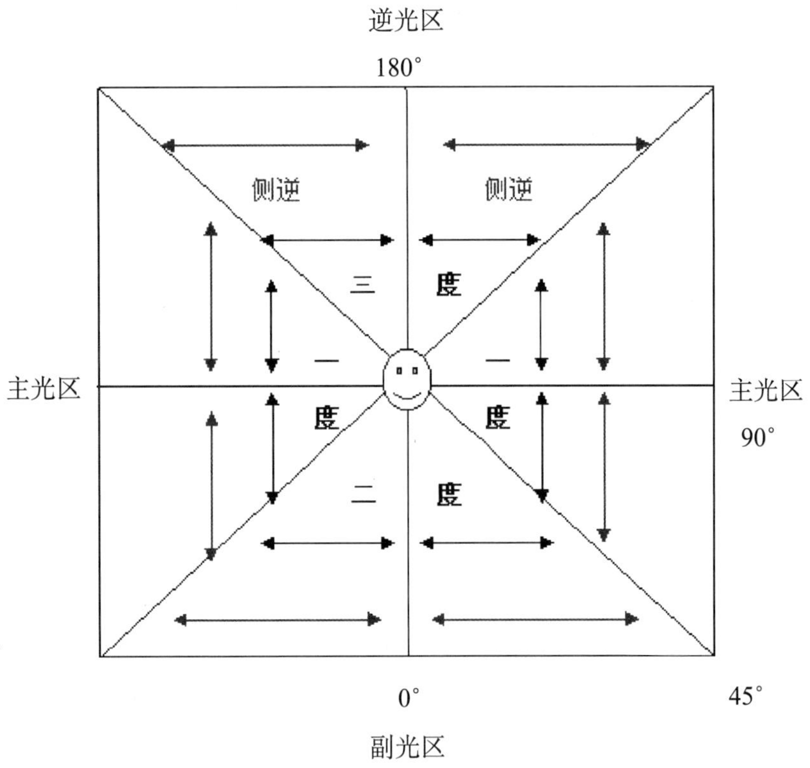

五、从全方位动态布光法分析三点布光演变

所谓全方位动态布光法，是指演区人物处于动态和多机位、多视角、多方位的三点立体布光方法。有时人动机不动，有时机动人不动，有时人和机向相反方向运动，这种布光法就是我们常说的“立体交叉布光法”，既要满足人物的三点布光，又要满足摄像机捕捉图像的三度空间要求，使画面图像更

富有透视感、层次感、立体感。大型综艺晚会、演唱会、歌舞晚会、戏曲晚会等都是按三点立体布光这一演变原理进行布光设计的。

全方位动态布光法说白了就是：它是**三点布光法和三度布光法的有机结合体**。无论演员朝哪个方向移动，机位朝哪个方向拍摄，也不管你是一个人还是一群人，也不管是一台摄像机还是多台摄像机同时朝各自不同方向拍摄，这种布光法都能满足完美的三点布光和三度布光照明要求。

比如：一个人物出现在演播室中，无论是动还是静，由于人物个体本身面积与灯光间距缘故，从各个角度拍摄单个人物，呈现在个体身上的光线始终是三点光线。如果是一群人，无论是动还是静，横列队还是竖列队，由于群体面积增大与灯光间距光线的衔接照射缘故，从各个角度拍摄群体人物，呈现在群体人物身上的光线始终是三度光线。

从全方位动态布光法分析三点布光演变，从以上个体和群体范例去分析三点布光演变，我们更加清晰地认识到三点布光演变与三度布光延伸的真谛。

本章思考与练习题

1. 三点布光与三度布光的概念是什么？
2. 为什么说三度布光是三点布光法的延伸？
3. 何为立体交叉布光法？

第九章
电视演播室照明设计

本章内容提要

★ 中华人民共和国行业标准 GYJ45−92,《电视演播室灯光系统设计规范》1992 年 10 月 1 日实施,中华人民共和国广播电影电视部发布。

★ 电视演播室灯光工程设计理念、设计流程、设计标准、绘图绘表及对各种配套设备的设计要求。

★ 电视演播室在设计时,如何选择、计算供电电缆与照明灯具电源尾线的预算。

电视演播室照明,是含多种艺术节目类型的照明。有人说电视照明比电影复杂,其主要原因就是电视照明种类繁多,而电影只是单一写实艺术的创作。电视照明既有写实又有写意。这一章详细讲授写意性电视演播室、灯光工程设计、写意性动态与静态中的照明艺术设计原理与布光技法。写意性演播室照明大体可分为如下几种 :

电视新闻类——录播、直播、实景与抠像。

电视专题类——纪实性、叙述性、访谈性、竞赛性、栏目娱乐趣味性、时装模特大赛等。

电视戏曲类——小品、相声、曲艺杂谈、清唱、彩唱、折子戏等。

电视短剧类——肥皂剧、多集连续短剧等。

电视综艺类——大型综艺晚会、戏曲晚会、歌舞晚会、专题晚会、庆祝晚会等。

以上电视演播室照明品类繁多，风格内涵各异。在用光理念和布光技法上，照明艺术与照明技术上，都蕴涵着一个成熟照明师全部的个人经验积累。没有多年的实践和高超的技艺是难以胜任的。单从电视布光概念与审美价值观来分析布光理念，各种类型有各种类型的照明语言概括性。

第一节　电视演播室灯光系统设计规范

中华人民共和国行业标准 GYJ45–92，**《电视演播室灯光系统设计规范》1992 年 10 月 1 日实施，中华人民共和国广播电影电视部发布**（选自《电视、电影、舞台照明专业技术手册》，主编单位：中国中央电视台，参加单位：广播电影电视部设计院，起草人：张敏、陈秀琼、阎洪藻）。

1 总则

1.1　电视演播室灯光系统设计规范（以下简称灯光规范）系按彩色电视考虑的。本规范适用于电视演播室、电教演播室的新建、扩建和改建的灯光系统设计。凡制作电视图像的场所也可参照执行。

1.2　演播室灯光系统设计应符合国家规定的方针、政策，并与广播电视事业发展规划相适应。在设计中除按本规范执行外，尚应符合现行国家和行业标准的有关要求。

1.3　演播室灯光系统的设备配置，必须纳入电视工艺总体系统进行考虑，并与有关专业协调配合，以实现制作节目的综合效益。

1.4　演播室灯光系统设计应符合有关技术要求，并做到安全、技术先进、经济合理、运行维修方便，节约能源、便于发展。

1.5　必须选用符合相应标准和有关规定的设备和安装材料，严禁使用无生产许可证和无产品检验合格证的产品。

1.6 演播室灯光系统主要包括：悬吊装置、灯具、光源、调光设备、供电设备和布景装置。

2 一般要求

2.1 演播室的照度

2.1.1 随着我国电视事业的迅速发展，将普遍采用 CCD 摄像机。CCD 摄像机灵敏度要求：当光圈为 F5.6 时，照度为 2000LX。这样才能得到满足基本技术要求的电视图像。

由于电视图像的好坏，主要取决于人物肤色。故取离地面 1.5m 处的垂直照度 2000LX 作为标准值。

2.2 演播室的色温及显色指数

2.2.1 演播室演区光的色温，国内有两个标准：3050±150K；3000±150K。经在国内试验，当色温为 2850K 时，白平衡被破坏，电视图像色调欠佳。故本规范确定演区的色温为 3050±150K。

2.2.2 演区光显色指数的确定，一方面考虑电视图像的色调，另一方面也考虑了目前国内演播室所用光源的显色指数。

为满足摄像机技术特性，光源应为连续光谱。

2.3 演播室灯光对供电的要求

2.3.1 目前，我国低压供电是采用三相四线制，380V、50HZ、相电压 220V。系统接地形式采用 IEC 标准中的 TN－S 系统。即整个系统的中性线和保护地线是分开的。

由于演播室灯光供电为三相不平衡负荷，中性线有电流流过，故不采用接零保护。为保证人身安全，所有灯光设备的外壳均与保护地线相连。

2.3.2 为保证直播演播室连续供电，宜采用两路供电。两路电源宜在末端自投。一般演播室是先录像后播出，故可采用一路电源(一般为外电)。

2.3.3 演播室用电量应按全场为一个大演区的情况计算，此时，演区的综合光照度应达到 2000LX。同时要考虑各种光的光比。这样演播室的面积才能被充分利用。否则，会造成演播室面积的浪费。使大演播室只能做中型节目；中演播室只能做小型节目。但用电量不应过大，否则会提高变压器容量，使一次投资和运行费用增加，也不利节能。

2.3.4 为保证安全，演播室不录制节目时，灯光电源(即调光器室配电柜的进线电源) 应断开。演播室工作照明指不录制节目时，在演播室搭景和清扫时的照明。演播室的工作照明由照明系统供电，其水平照度值参考了《民用建筑照明设计标准》GBJ133 － 90。水平照度测试点距地面 1m。

2.3.5 调光控制台属微电子设备，它对音频、视频设备不存在干扰。但自身却怕强电的干扰，所以它的电源宜由工艺电源系统供给。

2.3.6 因设备层设备复杂，钢丝绳纵横交错，为保证工作人员巡视、维护和检修设备的安全，必须设工作照明、应急照明和维修电源。并备有流动近距台灯式照明。

2.4　演播室灯光对空调设备布置的要求

2.4.1 让送、回风管在天幕以上或取平，是为了使风管不进入电视画面。

2.4.2 为使悬吊装置、灯具、电缆和桥架在安装、敷设或移动时，不至于碰到送、回风管而规定最小距离。

2.4.3 按所列标准执行。

2.5　演播室灯光对给、排水的要求

2.5.1 演播室有许多电器、电子设备，不宜设给水装置。但需要做化学实验或设有水冷却激光设备的演播室可以设给、排水系统。但给、排水管道的位置应集中设在进景门附近，且不应影响其他设备的正常工作。

2.5.2 依据《广播电视工程建筑设计防火标准》GYJ33−88 中的规定，$400m^2$ 及 $400m^2$ 以上的演播室应设雨淋系统。由于灯光设备层内有大量电器设施，故宜设在通风管道层。若需要设在灯光设备层时，其最小距离应大于 500mm。

2.5.3 为了防止水管漏水和管道传声。

2.6　演播室灯光对防火的要求

2.6.1 为了防止火灾顺电缆、电线蔓延。

2.6.2 当发生火灾时，为了防止火灾顺电缆穿墙后的空隙蔓延而扩大事故，同时为了满足演播室隔声要求，因此，电缆穿墙后应用非燃性材料堵实。

2.6.3、2.6.4 灯光设备层的四周做水泥挑台 :$400m^2$ 以上演播室设两副楼梯，$150m^2$ ～ $250m^2$ 演播室设一副楼梯，当发生火灾时，便于人员快速撤离到水泥跳台上，找最近的楼梯逃生，保证工作人员的人身安全。同时也便于灯光人员对设备的维护管理。

2.6.5 灯光设备层一般是无人值班。为了监视火警，应设置防报警装置。

2.7　演播室灯光对通话、视听的要求

2.7.1 在录制节目过程中，为了便于各工种之间协调配合和统一指挥，宜设通话设施。

2.7.2 在直播和录制节目时，为了监视电视图像的质量，以便随时调节和修改布光效果，故要求设图像信号选择装置。

2.8　演播室灯光对土建的要求

2.8.1 因调节器有干扰和噪音（通风、电感），故不应设在演播室或调光控制室内，而应单设。

2.8.2 为便于灯光人员运行和维修灯光设备。

2.8.3 一方面为了保证演播室录音效果，另一方面当发生火灾时，便于工作人员疏散。

2.8.4 当调光器室和演播室灯光设备层取平时，可以设门，门向调光器开。一方面便于工作人员和设备通行，也便于灯光人员的维修管理；另一方面当演播室发生火灾时，便于人员疏散。

2.8.5 活动地板和沟道，是供敷设电缆电线用的，根据具体情况进行选择。

2.8.6 演播室录制节目时，便于灯光人员观看现场，根据演出需要，随时调节灯光的变化。故宜设观察室。

2.8.7 演播室灯光对土建的要求表，是经过多年来中央和各省、市电视台的实践总结出来的。

3 设置配置

3.1　悬吊设置

3.1.1 根据演播室面积大小、录制节目内容和使用功能来确定灯具悬吊装置的形式。参考表是在总结国内研制和使用经验、收集和考察国外电视灯光技术的基础上提出的。

3.1.2 为保证演员、工作人员和设备的安全，悬吊装置的安全系数不应小于 9，依据如下：

(1)《起重机械安全规程》GB6067－185。

(2)IEC598－2 出版物中的有关规定。

(3)《影视吊挂装置产品标准》ZBJ8001－88。

(4) 参考日本 RDS 龙电社《电视演播室照明设备设计》。

悬吊装置安全系数以下式表示：

$$SP \geq S_{max} \cdot n \ (kg)$$

SP——整体钢丝绳破断拉力，Kg；

S_{max}——最大净拉力，Kg；

n——钢丝绳的最小安全系数。

3.1.3 为保证安全，悬吊装置在运行中应有信号灯指示。同时，还具有以下安全措施：

限位(上、下、左、右)；松、断绳；过载保护等。

3.1.4 为保护设备运行和人身安全，悬吊装置应可靠接地。

3.2 光源、灯具及插接件

3.2.1 为减少演播室的空调制冷负荷和用电量，应选用光效高的光源和灯具。

根据：《CCD 摄像机技术条件》GY6－82、《彩色肤色测试图、反射式彩条测试图》GB3175－82 及光源制造时的允许误差，故确定光源色温为 3150 ± 50K。

显色指数 Ra 不小于 85 的连续光谱才能满足摄像机的技术要求，并得到色再现合适的电视图像。

满足以上技术条件的光源，目前只有卤钨灯。但在小型演播室和电教演播室可以部分采用三基色荧光灯。为满足节目中的特殊效果，在演播室内采用少量高色温、高光效的高压气体放电灯。

3.2.2 灯具的电气、机械、防火性应符合《灯具通用安全要求和试验》GB7000－86 的要求。

3.2.3 灯具插座应选用三芯影视照明专用插座，它必须符合《影视舞台灯具用单相三极插头、插座和联接器》标准的要求。

3.2.4 为保证演播室设备及人身安全而订。

3.2.5 挂在悬吊装置下的灯具应装安全保险链，灯具前应装防护网。

3.3　调光设备

3.3.1 为满足录制节目的艺术效果要求和延长光源寿命，演播室应配置调光设备。调光设备的技术性能及对音、视频干扰的允许值应按相应标准执行。

3.3.2 根据演播室面积大小、制作节目用光复杂程度和工程投资情况，选择调光设备。

3.4　布光控制设备

3.4.1 电动悬吊装置及各种机械灯，均由电动控制，此电动控制设备即布光控制设备。

3.4.2 为使用维护方便和满足布光控制柜对环境的要求。

3.4.3 根据长期使用经验，为使布光操纵灵活、方便、直观，故将布光控制台（箱、盒）设在演播室内。布光控制台（盒）为小型流动式；布光控制箱为固定式，一般安装在进景门附近。

3.5　供电设备

3.5.1 为防止调光设备对音、视频和电网的干扰，宜采用灯光专用变压器。

“晶闸管调光装置供电的电源变压器接线方式的实验研究”等技术资料证明，变压器连续采用 DYnll 时，能适应三相不平衡负荷，并有以下优点：

（1）输出电压的不对称偏移度小，不会出现过高电压，可延长光源使用寿命，变压器可满载运行。

（2）电源电压波形的畸变率下降，可部分消除调光设备相间干扰。同时，对音、视频的干扰也有抑制作用。

3.5.2 电视台演播室一般由一至两台灯光变压器供电，其容量按所有演播室用电量总和的 0.6 ~ 1.0 选取；演播室数量多的取小值，演播室数量少的取大值。

3.6　电缆

3.6.1 由于演播室录制节目时开灯无规律，所以灯光变压器的负荷始终不平衡。造成中性线有很大电流流过。经试验和使用证明，相线和零线应为等截面，第五芯保护地线（PE 线），其截面应根据发热条件进行计算，或按表 9-1-1 选择。为了防止火灾蔓延，采用专业标准阻燃电缆。

表 9-1-1 保护地线截面选择表

项目	相线截面 S（mm^2）		
	$S < 16$	$16 \le S \le 35$	$S > 35$
保护地线截面面积（mm^2）	S	16	S/2

3.6.2 由于演播室散热条件较差，电缆根数多，应采用相等截面、载流量大的铜芯电缆。为了使火灾不顺电缆延燃，采用阻燃电缆。为了保证设备和人身的安全，灯具应采用专用保护地线。

3.6.3 灯光控制电缆线芯截面的选择应符合厂家提出的各项技术条件：线路工作电流、电压、容许电压降、电阻值等；还应满足最小机械强度的要求（按 GB54 － 83 标准执行）。

3.6.4 为了安全和移动方便、灵活，悬吊装置的行走及升降电缆（沿电缆轨道、伸缩器、收缆板、收缆筐等敷设的电缆）应采用阻燃的软电缆。

3.6.5 演播室灯具电缆应采用阻燃三芯铜芯电缆（相线、零线和保护地线），灯具接插件要选择耐温、绝缘性好并注明耐压值和标准火、零、地符号的产品。

3.6.6 演播室非移动电缆均应沿桥架、线槽或穿铁管敷设。桥架、线槽、铁管需接地。为防止电缆因散热不良而发热，敷设桥架、线槽中的电缆不宜超过线槽高度的 50 %。

3.6.7 从端子柜至灯具上的电缆必须是一条完整电缆（中间用转接箱、转接盒例外）。

3.6.8 为使灯光系统运行安全，便于维护，同时参照《北京地区电器工程安装标准》作此规定。

3.7　布景装置

3.7.1、3.7.2 演播室应设环幕轨道。$400m^2$ 及 $400m^2$ 以上设三轨道。最外面是天幕轨道,里面是两道褶幕轨道。250m^2 及 250m^2 以下设一道天幕轨道,一道褶幕轨道。

根据长期使用经验,演播室应满足搭景的要求,故设电动布景吊杆。

4 技术设备的布置

4.1 根据我国演播室录制节目的经验和特点,如:春节联欢晚会节目,演区不固定、灵活多变、多机拍摄、连续切换。布景复杂(实景、画景、天幕背景等),故演播室装灯的数量和容量均应满足天幕以内的面积演区的要求。其照度指标按本规范 2.1.1 条考虑。

4.2 为了安全订此条。

4.3、4.4 为操作、维护的安全和方便而订此条,并参考了有关电力规范。

4.5 为防止灯具烤灼幕布,引起火灾而设此条。

第二节 综艺类演播室灯光工程设计

电视综艺类演播室的灯光设计,是容纳了科技与艺术的高标准的系统定位与高层次的照明语言的体现。要求设计师不但要熟练掌握绘图技术,还要有精湛的布光技术、先进的照明视觉创意理念和丰富的用光实践经验。此外,设计师还要有机械吊挂力学知识、电气动力知识、供电系统配电知识和调光系统电子原理知识,等等。当然,并不是说这些技术元素你都必须精通,但起码你要懂得它们的工作原理、技术指标、配套使用性能吧?否则你又如何设计呢?不像个别人理解的那样:只要会画图,在白纸上摆成满天星,就算是灯光设计。那是远远不够的。实际上"设计"二字已经明确地告诉我们,设计,就是设和计,如何设?怎么计?把一盏灯设置在一个地方要有充分的设置理由,你又是如何计算的?你的计算原理又是什么?等等。设计牵涉到综艺演播室一系列整套的系统配置,作为一名设计者,应有一个清楚的设计思路与构想。

综艺演播室灯光设计理念首先是创意架构的定位和灯具设置的计算。

没有定位就没有方向，没有角度就没有光线的实效。定位不准，导致设计方案失误，轻则拿不出完整的设计方案，重则造成演播室无法正常运转。如果能达到电视大型综艺晚会的灯光艺术、技术的标准，其他的多项娱乐、演艺、舞会、音乐会、联谊会、新闻发布会等的设计都可顺利实施。因为电视综艺晚会对灯光的要求较挑剔，因此，大型演播室的灯光设计，必须在能够满足大型综艺晚会的拍摄要求上狠下工夫，并且在艺术上、技术上必须达到广电部颁发的《电视演播室灯光设计规范标准》(待续)。

电视综艺晚会因其规模宏大、内容丰富、艺术精湛，灯光变化多彩，深受广大观众欢迎。所以说：灯光是体现、制造、研究美学的主要对象和条件，又是观众审美的“视窗”和艺术情感交融的纽带。

电视综艺晚会灯光设计的技术、艺术含量较高，涉及诸多技术、艺术元素。因此，灯光设计师必须有一定的实践经验，主要凭借设计师凝聚、积累多年的个人**工作实践经验，超前的用光理念，独特的观察联想能力，亲临现场的感受能力和敏锐的审美能力**。电视画面图像效果主要是以形、光、色的和谐统一，形式的新颖优美，意蕴的深远含蓄取胜。因此，画意靠的是精巧的构思(设计)能力和熟练的照明技艺来构建和创造美。这种丰富的想象和联想的能力，正是来源于设计师多年的艺术实践。

任何事物都有一定的自然科学规律。宇宙飞船升入太空要准确地沿预定的轨道飞行，靠得是什么？靠的就是精准的设计。四川的虹桥倒塌惨案就是违背了科学的桥梁设计技术规则所致。体制的不合理，多年来给我国演播室建设造成巨大损失的案例屡见不鲜。电视台建造、安装演播室归基建部门管，建好后再移交制作部门使用，结果一张脸“两层皮”。到了真正需要者手里，才发现演播室根本无法使用，只好再提出改造方案！害“老公”再花上一笔钱。到头来吃亏的还是国家！如：浙江某电视台建造 630m^2 的演播室，第一期灯光安装费投资 350 万，竣工验收后移交给制作中心，因灯光设计不合理，无法正常投入使用，全新的演播室整整闲置了四年。不但影响了电视节目的正常制作，还因四处租拍摄场地重复投资。2003 年重新请有经验的照明设计师进行设计改造，又投资 97 万元才达到满意效果。如果一开始就按第二期改造的经验建造，至少可以节约200万。类似的实例，光请我去帮忙调整的电视台、大学剧院等单位就有好多家。这些教训都说明了什么？还是缺乏照明设计人才。如果各单位有专业照明人才把把关的话，我想类似事件就不会发生。当然，体制问题也有待改进。

一、设计理念

确立规范化的灯光设计，首先，在灯光设计的思维方法上，必须将设计重点放在灯位空间的表现过程中，让其充分展示多种娱乐表演项目，要让演播室成为梦幻舞台。活色生香，美轮美奂。在设计理念上首先想到艺术越来越科学化，科学越来越艺术化，两者必须和谐统一。当今演播室高科技照明设备已经给电视节目拍摄带来了无穷的创作空间。在选择这些设备的同时，你还应有另一种设计理念，就是说要考虑何种设备、何种灯具才能为大型综艺晚会的灯光艺术提供极为优越的灯光品质、色调、造型、动态、节奏等方面的丰富选择。技术标准的稳定性又是确保演播室正常运转的条件。科学与技术两者缺一不可。

演播室灯光设计中，设计师脑海里必须装有晚会的创意、定位及演出效果。**设计构思先行，导致了节目艺术主导演播室工程设计的结果。这样才能最终保证演播室灯光落成的效果。避免过去工程先行，艺术后进遇到的种种无奈与尴尬。**这样的灯光设计才能达到演播室灯光色彩变化与节目表演的完美结合，才能更好地渲染电视画面气氛，营造出梦幻神奇的自由空间，达到艺术完美的境界。

设计师在设计理念上有以下口诀：**四多、三性、三观念**。四多：一、**多光位**；二、**多空间**；三、**多方位**；四、**多角度**。三性：一、**舞台表现性**；二、**电视录播性**；三、**艺术创作性**。三观念：一、**新的美学观念**；二、**新的技术观念**；三、**新的布光观念**。

二、设计依据

灯光设计师赴现场进行实地勘察。详细丈量演播室高低长宽尺寸；检查设备层牢固与安全性，机械设备铺设条件的规范性（卷扬机提升装置），电缆托盘、线管铺设走向；丈量设备层与配电间的实际距离，考察安装条件；查看记录专用变压器的视在功率（VA）配置，电缆截面积与变压器匹配情况，等等。会同电视台技术人员及多方面专家进行演播厅的定位研讨。依据甲方提供的平面设计图纸，设计师在领会甲方意图的同时，既要充分考虑演播厅多功能用光的合理性、实用性及多用途，又要为甲方节约开支。设计师要进行认真的案头工作，经过反复制表制图，确立一个较为规范的灯光设计方案，供有关领导及有关专家审定。

三、技术措施

1．灯光系统设计必须由专业照明设计师担任。灯光系统图纸与详细设计方案必须请业内有实践经验的专家反复论证审定。

2．工程招标前甲方应组织有关专家进行有针对性的考察。笔者对现在有些地方实行网上公开招标有些不同看法：有些人为了避嫌，进行网上公开发标，看上去好像公正，其实不然，造成很多弊端。结果真正有实力、务实的单位，货真价实却中不了标，反之价位最低者，不注重产品质量的单位的商务标却被评定为满分（45 分）。我参加过多次评标，深有体会，某些单位组织评审专家组，却不能按专家组真正的评审结果招标。这是个体制问题。我相信招标工作终会完善。因为，灯光设计是一个特殊行业，演播室工程技术、艺术含量很高，灯光工程不只是单一采购物品这么简单的问题，谁的货便宜我就买谁的。这是个里面涵盖了科技、艺术诸多元素的软件问题。望有关制定行规的职能部门思考。

3．乙方应对甲方灯光操作人员进行专业知识、实际操作、布光技巧培训及技术指导。

这一条凸显了灯光行业的特殊性。本来甲方是专业单位，理当对灯光专业的技术、艺术了如指掌，正因为演播室中的诸多设备科技成分较高，故乙方除具有较权威的科技人员外，还必须有专业艺术人才，对晚会的灯光操控、编程，对电视节目的艺术创意轻车熟路，方能去培训专业单位的专业人才。并不是像现在有些公司把灯光设备安装完毕，通上电，灯会亮就算完事。这种模糊认识不应再模糊下去了……

4．在灯光系统中，最重要的“硬件”便是灯具，最重要的“软件”便是如何使用灯具。常言道：“巧妇难为无米之炊”。没有好的灯具，再好的灯光师也难以设计出动人的画面。所以设计过程中的选灯、配灯是一项艺术、技术含量极高的案头工作。方案中的每盏灯，设计师都要经过深思熟虑，从综合效果出发定设备。选灯就像一部戏里导演选演员一样，演员到位，这部戏就成功一半，否则很好的一部戏会给演砸了……现代化演艺厅科技含量高，观众的眼光也高，既要考虑当前的经济因素，还要考虑十年内不落后，故在选材上要权衡利弊。

(1) 电脑扫描灯、电脑摇头灯、电脑变色灯是新型灯光硬件，集光束、图案、颜色以及它们的变化和 X、Y 轴运动的动感于一体，构成了灯光艺术新的表现手法，即新的语言要素。是当今演艺厅、演播室、剧院不可缺少的灯具。应从质量、效果、价位等方面全面论证。筛选性价比高，质量优、功率大、亮度高、功能全的产品进行配置。

(2) 设计师要考虑到电脑灯及变色灯的统一操作、控制性能，应配置最新型的电脑灯控制台，以通道在 1024 个以上，编程快、功能强、人性化程度高、易学、易掌握、可操作性较强的产品为好。电脑灯控制台是电脑灯的直接指挥“官”，指挥系统不灵也不能很好地完成配光任务。

5．为体现独唱和伴舞等节目的造型，还应设置多光束空中玫瑰灯、多台追光灯、激光灯（有条件最好用安全的大功率三色灯），使演员的造型更迷人，观众的视觉享受更美妙。

6．演播室演区上空的基调光，最好选用 2KW 冷光型回光灯加换色器，换色器中的色纸必须含雷登 82A 和雷登 85 色温纸，以备基调转换之用。

7．其他灯的选用必须选用优质产品。如聚光灯、筒子灯（加换色器）、长光束灯、天地排灯、双反射式柔光灯,等等。

8．调光设备系统也是灯光设计的重头戏。调光控制台是整场灯光的总指挥,电视画面的基调、色调转换,明暗阶调层次的构架等全仰仗它。必须选用电脑数字型、光路多、集控组控多,而且能较方便地进行硅箱与光路,光路与组控、场次、集控等的任意组合,可编制各种走灯程序,光路输出精确控制,系统工作状态全方位显示,功能齐全,操作方便并带有主副机备用功能的调光台。调光硅柜又是调光台后勤保障仓库,必须匹配解码性能好,过流保护先进,耐冲击技术、过载与抗干扰性能佳的产品。要求每路输出 6KW。

9．其他配套设备的配置,如干冰机、烟机、效果烟机、雪花机、泡泡机、效果器、特殊灯等。效果器附加在投影幻灯上,能产生特种效果(如跑云、烟火、水纹、波浪等)。特殊灯是演区中为满足表演特殊效果需要而使用的灯具(如火、火光、闪光等)。如果条件(投资)允许,这些设备都应设置,因为它们都与灯光效果有直接的利害关系。

下面列举部分灯光系统配套设备竣工实例图表,来阐述规范化的灯光工程技术措施,仅供大家参阅：

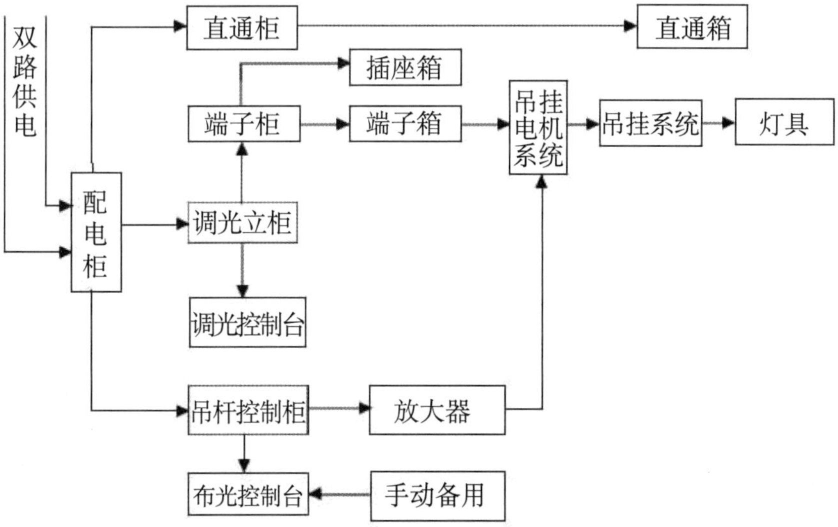

图 9－2－1　演播室灯光系统工程设备方框图

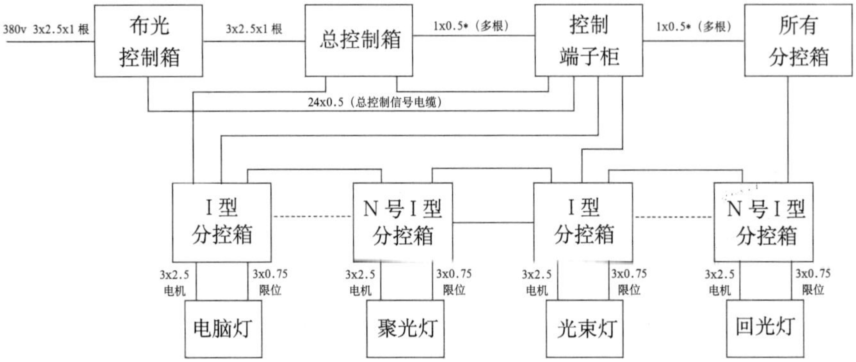

图 9-2-2 演播室灯光系统工程机械升降控制方框图

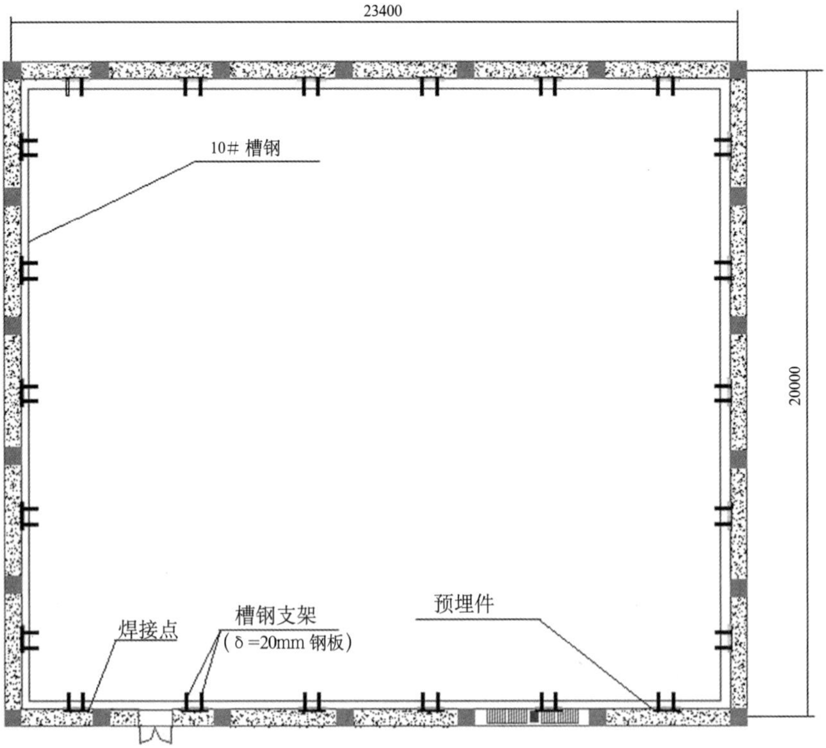

图 9-2-3 468m² 综艺演播室设备层槽钢进墙加固结构图

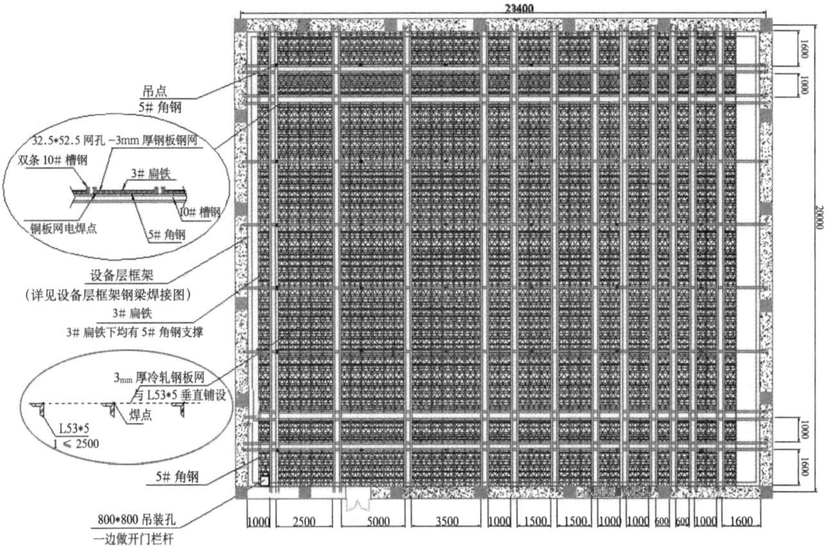

图 9-2-4 468m² 演播室设备层及钢梁悬挂设置图

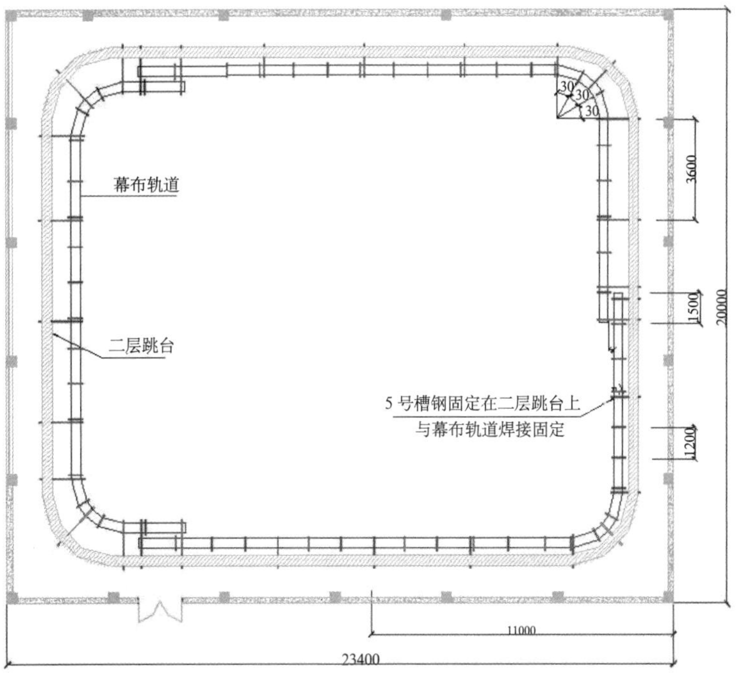

图 9-2-5 468m² 综艺演播室幕布轨道结构图

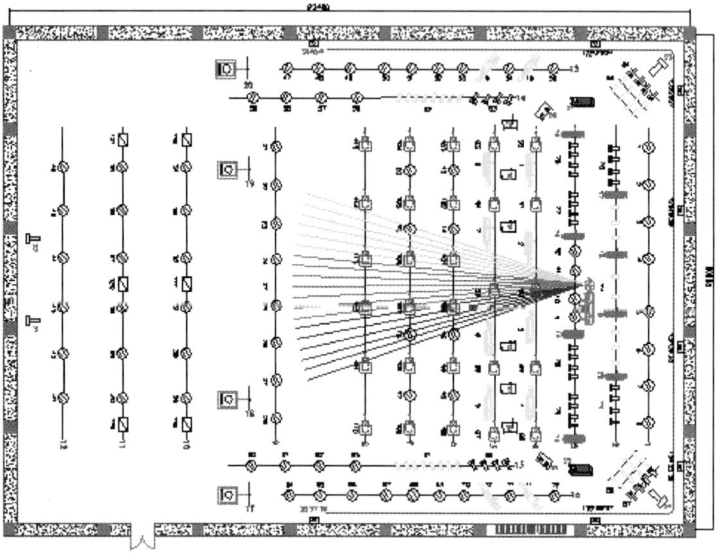

图 9-2-6 468m² 综艺演播室灯光工程设计平面图

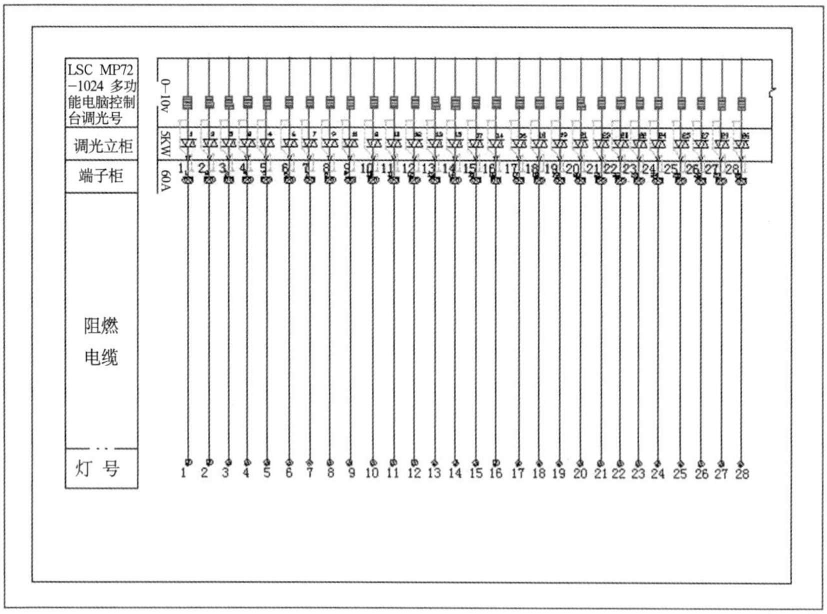

图 9-2-7 468m² 综艺演播室灯光工程编码接线图

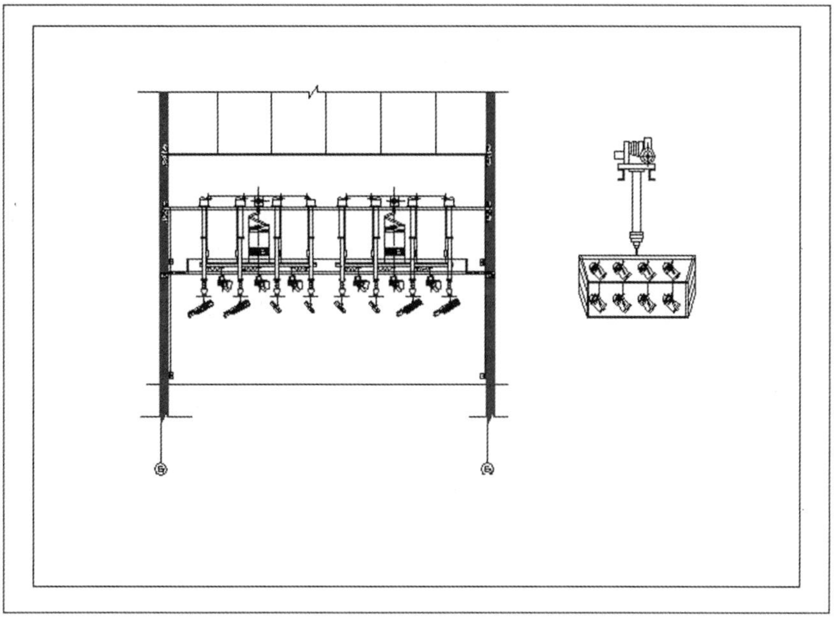

图 9-2-8 468m² 综艺演播室机械化升降剖面图

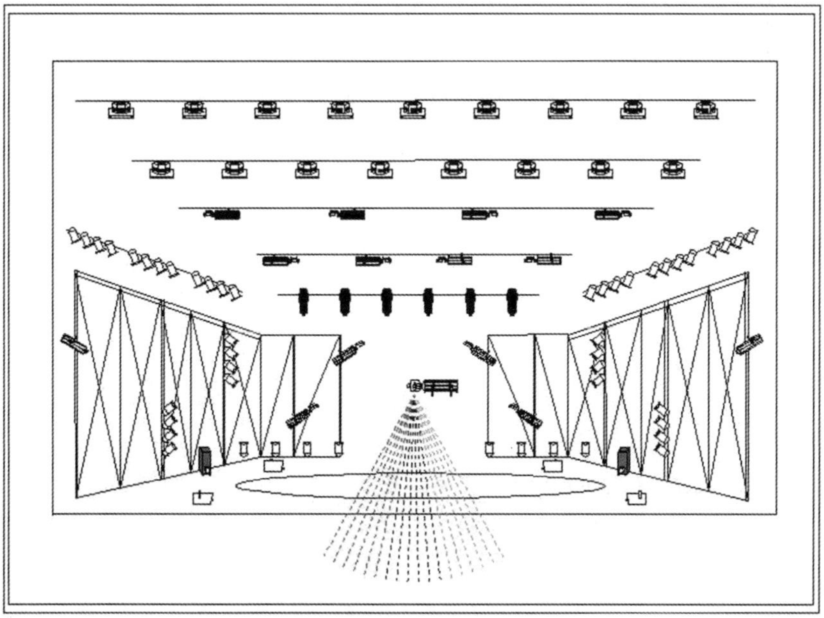

图 9-2-9 468m² 综艺演播室立体布光图

第三节　新闻类演播室灯光工程设计

电视台被称作新闻媒体单位，每个电视台对每天新闻的传播都非常重视。作为制作新闻图像场所的新闻演播室，其地位更是尤为重要，其各种摄录、制作配套设备都是最先进的，更不用说灯光设备的配置。对新闻演播室的灯光设计，首先在认识上要更新，要清楚每天的新闻图像都要和观众见面，主持人既不唱又不跳，只是静止地用语言向社会传播新闻，报道每天所发生的新闻事件。而且主持人大都是近景出现在电视画面中，除主持人自身的形象和事件内容对观众产生感染外，灯光设计、布光艺术显得格外重要。

有的人认为新闻演播室简单，我的观点恰恰相反，因为新闻演播室的图像塑造的是人像，人像在摄影、摄像中是最难的。要用光线把人物的神韵塑造完美，是需要一定功力的。

新闻演播室布光采用静态式三点布光法，它需要 5 种光线来满足灯光效果要求。电视布光最关键的是光的比例，也就是光线对人物、景物照度的分配，所谓布光，就是通过各种布光方法和布光技巧找光比。

一、静态式三点布光法

所谓静态是指播音员静止在一个地方进行播音。因为画面表现的主体是人，光自然因人而变化。布光是根据人物的行动路线与人物所处的环境来设计的。

三点光指的是：顶逆光（轮廓光）、主光（造型光）、副光（辅助光）。

二、灯光设计

1．顶逆光——设在播音员正后上方，成 90°角。主要照射播音员的头发和双肩，目的是突出人物，勾画轮廓，使脱离背景。

2．主光——设在播音员的前侧，与播音员成 45°角。主光的高度以播音员的鼻影成等线三角形为宜。

3．副光——主要补充主光照射之不足。此光设在摄像机正后上方，高度以见不到播音员的背影为宜。其作用：一、辅助光，二、眼神光，三、背景光(对喷绘、写真背景而言)。

4．修饰光——主要修饰人脸某些不足，或用于对播音员着装颜色质感的体现。除固定吊挂修饰光外，还应备用小功率的流动灯，以备修饰之用。

5．背景光——指抠像蓝幕背景。一般背景不设背景光。

三、布光技巧

布光技巧与布光方法是两个概念，这是个本质上的区别，布光技巧是比较难的，它包含布光者诸多艺术元素实践经验的积累与体现。行话里有句术语："方法易学，技巧难通"。技巧凭的是实践经验与敏锐的视觉。方法是程式，技巧是艺术。技巧在电视剧中用的种类较多，小播音室有以下两种：

1．角度——指主光与人物的角度，角度反差大人脸显瘦，角度反差小人脸显胖，灯光视人物脸型而变化。所以在设计主光源时不能固定在一个角度，以左右活动为佳。

2．遮挡——布光艺术又称遮挡艺术。每个光源都有其作用与设置目的，光与光之间是不能互相干扰的，要达到准确的灯光效果，必须学会遮挡，让每个光源都发挥其应有的作用。

四、光比

光比就是各种光线投射到物体的照度的比例分配。电视光比非常重要,画面三度空间靠准确的光比获得。电视光比为2:1,电影光比为4:1,电视光比之所以比电影光比小,是磁带的宽容度所决定的。电视光比小,布光难度比较大。光比指哪几种光线?如何对比呢?

(一)公式说明

光比 $\xrightarrow[\text{主光}]{\text{逆光}}$ 2:1 $\xrightarrow[\text{副光}]{\text{主光}}$ 2:1 $\xrightarrow[\text{背景光}]{\text{副光}}$ 2:1

如 :逆光2000Lx,主光1000Lx,副光500Lx,背景光250Lx。

电视光比2:1的比例要严格控制,这是科学。违背了科学规律,会导致照度失衡,严重影响电视台新闻窗口的画面质量。

(二)如何去找光比

明白了光比的比例,还要了解找光比的具体办法,大体有三种办法 :1. 调整灯光距离,2. 灯前加柔光纸,3. 遮挡。

有的人认为可用调光台压光,我认为此法应当禁用。因为压光会降低电压,每降1V电压,光源同时要降3K色温,色温降低,光线发红,图像偏色。

五、如何对播音员的脸部进行造型

人无完人,再漂亮的脸蛋都有不同程度的缺点。照明师在给播音员布光时,首先要观察播音员的脸型与脸部特征,然后才能有目的地进行光线造型。灯光造型和化妆造型是一个原理,两者是鱼水关系。电视连续剧《武则天》里武则天这个角色的化妆如果说成功的话,那么灯光师的光线造型是功不可没的，如果灯光造型不好，化妆再好也会失去光泽。我认为电视是三分妆七分光，不要忘记电视是光的艺术，光是画面的第一元素。

除用主光对人物脸部进行造型外，必要时还可再在播音员的前侧方加一个功率小一点的流动灯。这个灯发的光我们称它为装饰光，其主要任务是修饰播音员的脸部缺陷，脸部凹进部分加光使其凸起，凸起部分减光使其凹下去，这是因为在不同亮度光线照射下，人眼的反差特性所产生的明、暗视觉光谱光效率不同。

修饰光除对播音员的脸加以局部修饰外，有时播音员着深色服装，由于明暗对比和人眼明暗视觉光谱光效率的视觉效果的关系，也会影响到脸部的造型视觉效果。在使用修饰光的问题上不应限于只用一盏灯，要根据布光需要确定灯的数目。但值得注意的是，对修饰光的使用要严格细致地遮挡，切不可有余光重复性地散射到人物面部。可采用柔光纸、黑卡纸、遮光板，必要时也可在聚光灯上加套筒。总之，修饰光是个细活，好比化妆上造型底色一样，是非常关键的一环。前三点是程式化的布光方法，而修饰光才是照明师的布光技巧与艺术修养的最好体现。

六、服装颜色对灯光的影响

播音员必须了解电视的特性，在选择服装时心里必须清楚几个问题：一、色调的搭配；二、与背景色调的反差；三、磁带宽容度的限制；四、肤色与服装色的和谐；五、节目内容与性质。这些在主持人眼里是小事，却是能体现一个主持人素质高低的标尺。我碰到过这样的主持人，让她换衣服百般推脱，结果图像拍摄出来她又怪灯光师，后来终于明白灯光师这样做的道理。

电视怕白色，灯光师更怕白色，因为人脸反光率只有 25% ~ 30%。为了兼顾人脸和中间亮度，国际上统一规定人脸反光率为 16% 为曝光依据。现在一般的照度计，就是按照这一反光率设计的。还有一比，就是人脸面积和服装面积相比，只要稍微思索，就会明白其中道理。

有这样一个实例，上个世纪 80 年代某电视台新闻记者到医院采访拍摄开刀的镜头,结果拍摄回来在编辑台上一回放,发现血是黑色的。开始总认为机器有问题,再试着去拍摄别的物体,放出来的图像红花是红的,绿叶是绿的。其实机器很正常,就是大面积白布所致。开刀口只是所覆盖白布面积的几十分之一,你说血还能红吗?

回过头来咱们再说主持人对服装的认识。要明白这个道理,首先要清楚什么是反光率?所谓反光率就是亮度。况且服装在画面里占据较大的面积,而人脸与服装又都受同样的照度,可曝光又是以人脸为曝光基准点的,脸部曝光正常,白衣服的光就会炸(限幅),若衣服正常,人脸就黑。怎么办?是不是主持人、影视演员就不能穿白衣服,那倒不是,不过要尽量避免。特别是晚会主持人,四位主持人中有一位穿白衣服,那还真是不好办,那只能“委屈这位帅哥”了。如果剧情需要,或是只有一位新闻主持人,也还是有办法的。照明师多花点工夫,进行细致的遮挡,问题就可以解决。

七、抠像用光

抠像用光,除以上讲到的三点布光和装饰光外,重要的就是提高蓝背景的照度,过去一般采用 4 只 800W 的天地排灯,上挂 2 只天排,地下置 2 只地排灯。现在如果有条件,选用 4 只 6×36W 三基色柔光灯,也是比较理想的。

抠像用光要求 :

一、人物光要均匀柔和。二、蓝背景要达到一定照度(1500Lx 左右)三、播音员要远离背景,太近蓝布的反射光易反射到人物身上,抠不干净。

在设计小演播室时,首先要考虑要不要抠像,因为抠像无论在用灯上,还是播音员所处的位置、灯光离背景的距离,都有所不同。如果要抠像,演播室的长度起码要在 7 ~ 8 米左右方可完成(指蓝幕至副光的有效距离)。

八、灯具选择

灯具要视演播室大小、高度、空调功率、供电容量等来选择体积和功率。如果经费有限，一般选择 3 台 1KW 聚光灯，一台 300W ～ 500W 小聚光灯即可。若抠像，再增加 4 台 800W 的天地排灯。此种灯光设计，若空调效果好倒是好选择，因为对主持人布光造型有利。但聚光灯有热辐射，工作环境欠佳。

若注重工作环境，选择 6×36W 三基色柔光灯 13 台即可。若抠像，再加 4 台，反打蓝幕。具体布光方法，如图 9-3-1、图 9-3-2 所示：

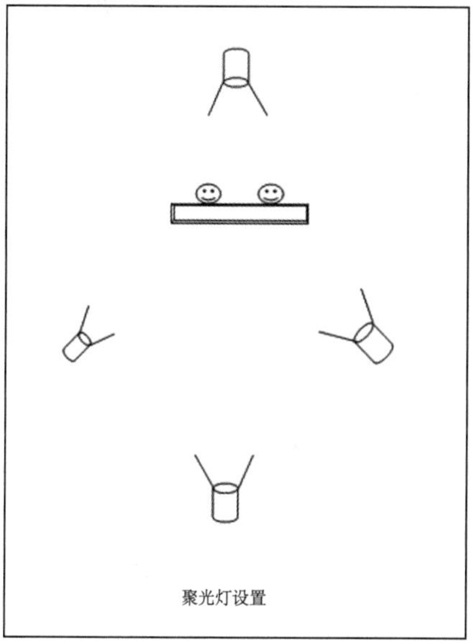

图 9-3-1 新闻演播室灯光设计示意图

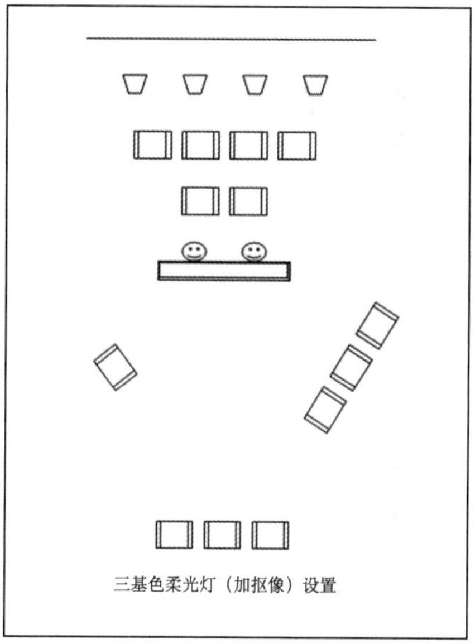

图 9-3-2 新闻演播室灯光设计示意图

注：根据高度设置升降装置，一般采用电动铰链为好。

灯具吊杆，最好选用可调式铝合金吊杆，要求左右前后移动，易造型和找光比。

图 9-3-1 除逆光外，其他灯均加 2 号柔光纸。主光灯要求左右可调角度，视脸型胖瘦而定。

图 9-3-2 两道逆光要一上一下，4 灯下打轮廓，2 灯上打头发。4 灯天地排分，上下各 2 灯，距幕 1.5m ～ 2m。

第四节　专题类演播室灯光工程设计

专题类演播室的灯光设计，随着电视传媒节目的蒸蒸日上，各台的编导们绞尽脑汁花样翻新，所以很难有一个明确的定位。正因为如此，有的台跟着编导们的创新重新进行演播室的灯光设计。原来几个栏目观众看厌了，新的一年又有新的想法，结果演播室又要改造，把原先的吊挂和灯具拆光，重新安装。不但拆灯光设备，连方向也要掉个头。每次我去改造时，就联想到城市规划天天在掘路，不是排水管太细，就是电缆管道跟不上供电需求，为什么不能有一个长远的整体规划呢？我们广电系统也存在类似问题。

再说咱们自己演播室的事，有时我经常做中间人，出一个合理化的建议。比如：某电视台要在2008年全面改版，推出全新的节目献给观众，这种工作热情非常可敬。想在机械化演播室进行多景位栏目的灯光设计，计划把原先的机械化灯光设备拆光，重新架设钢梁吊灯光架。这样一来一去要花上很多钱。我的方案是：一、保留原先所有吊挂升降系统及所有配套设备（如果要复原为机械化演播室，轻而易举，无须再投资）。二、按栏目区域需要有选择地把原聚光灯换成三基色柔光灯（换下的灯具按原来的号码、位置全部编号，入库待命），多余的吊杆连灯具一起升到最高点。三、若原吊杆位置有出入，可按新栏目区域适当增加吊杆。四、因栏目多，而且景与景靠得很近，**设计灯光时尽量一灯多景共用，各栏目单独控制使用**。此种设计方案，既保住原机械化演播室，又节约了大量资金。

对于演播室的使用，建议电视编导们也学习一下照明艺术。任何艺术都是相通的，如果你不了解照明的用光艺术，在制作节目时你就会把电视画面中的一个最重要的元素给忽略了，这不能不说是你得意作品中的缺憾。

专题演播室的灯光设计，大致可分如下几个方案：

一、多功能灯光设计（250m² 以上）

设计专题类演播室的灯光，不但要懂灯光技术和艺术，而且要清楚当前的节目制作特点、风格、样式，全静态还是静动结合的。要了解演播室的面积、高度，这些都关系到设计思路。切忌闭门造车，必须亲临现场进行勘察，熟悉建设单位的使用内容等。勘察后要仔细与使用单位有关技术人员进行磋商，根据他们提出的需求，提出你初步的设计构想，达成共识后再进行具体的方案设计。

多功能灯光设计，实际上就是综艺晚会演播室的缩影版。只是其面积小，设计的灯具少而已。所谓多功能，就是既能满足静态人物的用光，又能满足动态娱乐性节目的照明。

（一）专题演播室多功能设计特点

专题演播室所表现的节目内容，主要有采访、访谈、专题讨论、智力竞赛、答辩等。即使是演出文艺节目，也是围绕着该栏目所要表达的专题内容而演。它更注重专题内容的趣味性、真实性和结果性，观众在观赏时的心理要求与审美情趣是和专题所定的调子相呼应的。因此，在设计灯光时必须思路清晰。

（二）灯光设计用光理念

专题演播室灯光设计与综艺晚会灯光设计，其用光理念的最大区别是：前者节目内容以具象写实为主，用写意的用光理念去写真；后者节目内容以艺术创作为主，用写意灯光技巧去构成照明语言。因此专题演播室用光理念应以层次布光法为基础，适当地加一些电脑灯、光束灯，供娱乐节目之用。以白光为主，用写意布光法对人物、景物进行照明。要求画面清晰透亮，要有层次感、透视感。

（三）灯具设置

1．专题演播室一般层高达不到综艺晚会大演播室的层高，故顶逆光不宜设回光灯，以2KW聚光灯为主，基调光加换色器。

2．其他聚光灯视演区大小定灯光数量。逆光、侧逆光、前侧光、侧光、面光均可用2KW聚光灯（散焦）加2号柔光纸。观众席用2KW聚光灯，散光照观众，尽量升高，以全景镜头不冲光为好。

3．光束灯上下共设两道，数量根据演区宽度定。有条件最好加换色器，若不加也能体现效果，但灯上加色纸要注意，建议后排加雷登82A，上排加金黄较好。

4．设1200W/8通道的电脑扫描灯或摇头灯（1200W以上）。有条件用进口，其实现在国内有的厂家生产的电脑灯也不错，但光源必须用进口的。电脑灯控制台，要选择具有人性化设计理念，易学，编程快，功能全，稳定性强的。

5．调光控制系统要选择好。调光台要功能全、稳定性好、经久耐用、编程方便、易操作。硅箱必须匹配解码性能好、过流保护先进、耐冲击、过载与抗干扰性能佳的产品。要求每路输出6KW。

6．关于各种灯具的数量问题，因各电视台专题演播室的面积、层高、使用要求、经济条件均不一样，故很难定数量，在这里只能谈一下最基本的配置，但在照度上必须达到规范要求。有关效果灯的设计配置没有一个标准底线，根据条件可多可少，但必须有。我认为有文艺节目演出点到为止。

二、新闻、访谈类一体化灯光设计（90m² 以下）

一体化就是新闻、专题访谈共用一个演播室，在一个演区内，进行交叉制作节目的灯光设计。

1．一体化演播室的灯光设计，首先考虑两个节目的制作形式、特点、被摄对象的数量、席位的方位及摄像机的拍摄位置与数量。

2．了解甲方的用灯要求，是三基色柔光灯，还是聚光灯？因为这两种灯直接关系到发光强度与造型光线的质感问题。

3．假如甲方选择的是三基色柔光灯，因三基色灯光线柔、软、散，在照度光比上不像聚光灯那样容易形成反差。在灯光设计上注意光的比例、光与光之间的位距、光的方向与被摄人物的分布位置。

4．为了更好地营造新闻主持人的光线造型，应将后侧、两侧和正面的灯光架设计为可调式灯光架，再在两侧和正面加装电动或手动铰链，布光时可前后、左右、上下调整。

5．设计两组控制线路。当录制专题访谈节目时，三基色灯全部开亮；做新闻录播和直播节目时，只开中间 4 台逆光、右侧三台主光、左侧一台修饰光、正面三台副光，并降低，加一层柔光纸。布光时调整灯光的前后、左右、上下距离找光比。如下图所示：

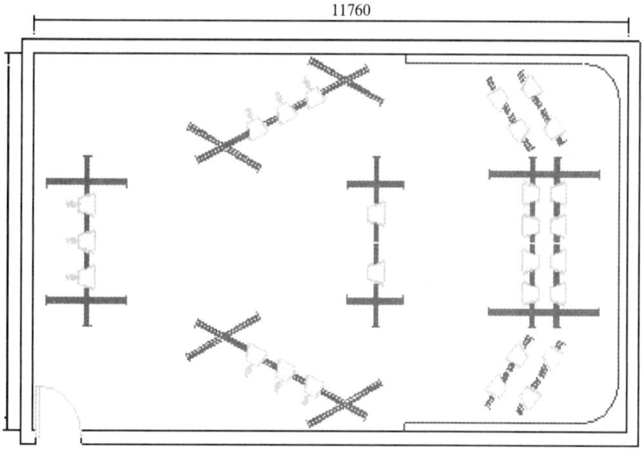

图 9—4—1 90m² 新闻、专题一体化演播室灯光设计平面图（三基色灯）

第五节　虚拟演播室灯光工程设计

说白了，虚拟演播室就是一种强有力的方式，将现场演员、道具以及三维计算机合成的图像进行处理，从而产生逼真的复合景象。虚拟演播室系统能完成一些实时动画，使画面更加生动，通过用户对系统的指令控制，使相对虚拟场景的物体可以移动，纹理图案可被动画化，活动视频图像可在虚拟背景中播放。几乎任何复杂的动画都可以实时回放，制图和图形可以用动画表现，虚拟摄像机可沿着对于真实摄像机来说绝无可能的运动轨迹进行运动。虚拟演播室已经在电影、电视中使用，在现有技术上又加上了许多令人激动的新功能。

今天我不是非要介绍虚拟演播室的系统功能，但作为一名灯光设计者，你对自己所设计的演播室的作用与功能必须清楚，否则很难有目的地去设计灯光照明。

一、虚拟演播室工作概念与特点

虚拟演播室是由真实演播室（用于拍摄真实的演员和道具）与虚拟摄像机（用于拍摄虚拟场景）协同进行工作的。虚拟演播室的基本概念是准确反映真实演播室摄像机拍摄到的景物，并将相关数据送入虚拟演播室的超级计算机，相应调整虚拟摄像机，配合真实演播室摄像机的状态。虚拟演播室的超级制图摄像机生成图像，然后从镜头中将可以看到它是否融入虚拟世界中，以替代现实中的演播室。这两个图像（真实的与虚拟的）被蓝屏合成器叠加成一幅图像，于是生成虚拟的世界。当摄像师将景物拉近、推远，或者摇移或者俯仰，虚拟演播室超级制图计算机在虚拟的世界中将作同样的调整。

虚拟演播室的最大特点就是，可以充分发挥人的想象力和创造性，完全摆脱了木工制景，虚拟布景替代了真实的制景，并可循环使用，避免了真实制景的烦琐及浪费，大大节约了人力和财力。在虚拟摄像机合成系统中，既可在演播室范围外游动，以完全不同的场景出现或飞出演播室，到达遥远的地方，又可以安全、平滑地返回虚拟演播室场景中。如，在虚拟演播室拍摄长筒袜广告，模特在虚拟演播室散步，通过合成系统可让模特在美国或巴黎任何地方散步。美国大片《真实的谎言》的男主角在战斗机上的惊险动作，就是把飞机模型吊挂在虚拟演播室中，经过均匀的照明拍摄，将图像信号数据送入摄像机合成系统，使一架战斗机活灵活现地飞翔在天空之中。

二、如何建虚拟演播室

进行虚拟演播室灯光设计，首先要明白在什么空间设计，为什么叫虚拟演播室，虚拟演播室主要以什么结构形成等。其实虚拟演播室对灯光而言，与第三节我讲到的抠像很相似，只不过抠像背景是单面蓝幕，而虚拟演播室是三面加地面，它们相互之间要和谐地连起来，不允许有接缝，制作工艺应该说有一定难度。我亲自设计过几个，下面谈谈实施体会。

（一）如何建立蓝色背景

对蓝色舞台的修建没有实际的物理尺寸限制。真实蓝背景的大小可以决定有多少演员在虚拟场景中活动。虚拟演播室的蓝背景大小视使用需要而定，无论是电影厂大的蓝景还是小的蓝景，其原理都是一样的。建立蓝色的边墙，是另外一个得到更大视野范围的办法。

1. 两面临近墙的角度应大于90°度，主要考虑灯光照射不会出现阴影，并且墙壁之间也不会互相反射。处理墙角有多种办法，现在有的灯光厂家已从国外引进整套的背景模板（包括角落弧度），但价格较贵。最经济的办法是用方木做成弧形支架，再用木工板铺底，刨成光滑弧形后，再用三角板顺弧形粘面弯贴。

2. 背景连地面的角度同两个墙角一样，制作方法同上。为避免出现接缝，地面有效蓝色面积都应用木工板连接，三角板贴面。同样背景、两面边墙、地面必须连成一个整体，搭建一个虚拟演播室蓝色背景打底面。

3. 背景底面注意牢度和光滑度，特别是地面，更要注意牢固和平整度，地龙要密、稳，走路时绝不能发出声音。全部稳妥后，进行刮浆（打泥子），待干后打沙皮，此项程序最少反复三次以上。晾几天后用蓝色背景漆与石膏调成蓝色泥子再次打底，特别是接缝处一定要仔细。总之把三面和地面处理成像一块板面一样，待彻底干透后再上蓝色涂料。

4．虚拟演播室蓝色背景涂料最好是美国 5720 专业蓝色涂料，此涂料对照明光线吸收性能较好，使用效果较理想，而且易冲洗。

5．上蓝色涂料注意请专业人员操作，一定要均匀，最少三遍。第一遍用排刷从上到下进行刷色，隔一天后打砂皮，再刷第二遍，重复操作，第三遍定型。

三、如何进行灯光设计

虚拟演播室的灯光设计要非常柔和、均匀，而且要达到一定的照度。设计灯光要有一定的高度和角度，目的是使阴影落在地面上而不是背景墙上，地面上有阴影反而会使观众看到真实的效果。人物光比反差要小，三点光的比例要设计好。虚拟演播室的光线，类似外景假阴天光线拍摄的效果。

1．三面墙均设置背景光，使蓝背景达到均匀的有效照度。

2．人物光用三度布光法进行设计。人物的逆光以顶逆为主，既是人物逆光又是地面蓝色景光，一光两用。

3．两边临近墙角弧面，各设单独光源照射，加强照度。

4．面光设计需高低结合，低面光带升降不宜太亮，主要以形成眼神光为主。面光和顶逆光的排列形式基本上是一逆一面(角度同逆光相同)。

5．拍摄静态人物时为防止人物脸上有蓝色反射，可在两边墙前面不穿帮的墙面上，各铺一块白布，这样可解决脸部发蓝的问题。

6．灯具均采用 6×36W 三基色柔光灯，配备 93 系列 PL-L-36 三基色柔光灯管。

具体灯位设计布置和灯光数量，要根据演播室大小来定，如果是大的虚拟演播室，蓝色墙面有一定的高度，只有上面一道背景光是不够的，还需在三面墙的底部，距墙体 2 米处设置灯沟，在灯沟内再设置一道地排灯背景光，上下呼应，把三面蓝背景照射均匀。实际大小只是灯具数量而已，其蓝背景建立和灯光设计原理大同小异。下面有一张灯光设计竣工实例图，供大家参考。

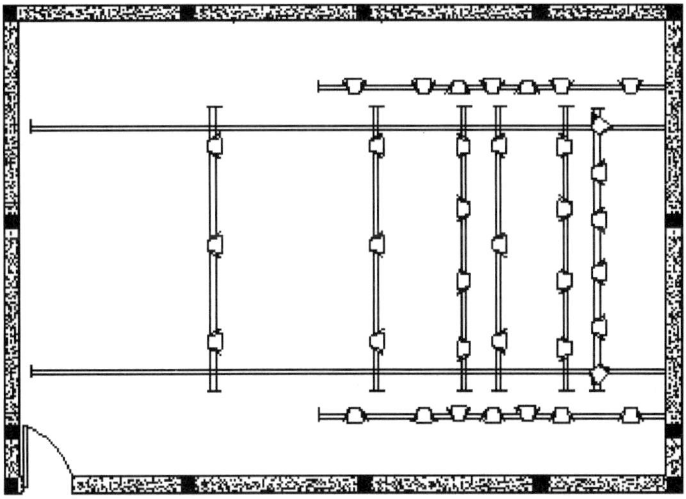

图 9—5—1 90m² 虚拟演播室灯光工程设计布置示意图

第六节　演播室灯光设计电缆预算法

演播室灯光设计中，除准确设计各种灯光设备及其配套附属配件外，最关键的就属电缆的运用与预算。电缆导线在演播室中相当于人体中的动脉与血管，稍有堵塞和供血不足，轻则使演播室灯光不能正常运转，重则还会殃及人的生命安全。所以，演播室灯光设计，如何选用电缆、如何预算电缆是灯光设计中的重要环节。计算电缆时，要准确按演播室实际长、宽、高的尺寸进行绘图、绘表。根据电视节目照明需求，规范地设计各种不同基础光及各种效果光的灯光布置。每盏灯都必须连一根电源电缆线（俗称尾巴线），与配电间中的端子柜相通。为了各项功能设计到位，设计师在设计前必须到现场勘察场地，详细测量所需电缆的尺寸数据和电缆走位的长度，并记录在案。机械演播室还要测量设备层离地面一米的高度和收缆筐环绕的长度等。对各种量的因素都心中有数后，再进行设计。

我讲课时有位同学提出过这样一个问题："还算它干什么？到时候用多少算多少，岂不更省事。"这话乍一听似乎很有道理，但仔细一分析，却又不切合实际。接着我问他："是先安装后设计图纸还是先设计图纸再照图施工呢？"他笑了。

电缆计算看起来简单，其实是一项很重要的设计要素。大家想一想，偌大的灯光工程要忙几个月，忙什么？除悬吊装置外不就是接线连线吗？演播室是一级防火场所，往往出事就出在电缆上。

一般灯光图纸设计好后，再按图纸设计的各项灯光设备做详细预算——《灯光设备预(结)算单》。当然，所需各种灯光设备、附属设备及配套附件与电缆总量要有一个准确的预算报价，方可提交招标，认定。

一、计算预设电缆方法

因灯位设置的位置有高有低，灯与灯的间距不同，所需电缆长度也就不同，灯至演播室横、竖距离不同，形成电缆的长度也不同。一般以演播室横向第一排左边第一盏灯(最远的)线路为基点数，乘以同型号电缆条数，等于总米数，再乘以0.7。

(一)基点数计算步骤(以800m^{2}演播室为例)

1．800m^{2}演播室宽24m、长36m、高13m(设备层离地面的大概高度)。因基点灯是横杆吊挂，其左边是两道侧光，基点灯距演播室有效距离为4m，实宽还有20m。演播室长度，减去前后吊杆离墙体距离各2m，实际长度还有32m。高度，减去离地面高度1米，还有12m，12m×1.5(收缆环绕数)，实际高度为18m。

算式：20m + 32m + 18m = 70m(演播室内部电缆基点长度)

2．设备层边缘距配电间墙体定为10m(各演播室设计距离不等)。

3．电缆托盘有的从地面直接穿墙，有的设桥架从墙体上端开口进配电间，再贴配电间内墙下到地面。按后面翻墙尺寸，一上一下定为10m。

4．配电间地面距端子柜留5m。

5．为了接线方便、整齐，加上端子柜本身高度和接线时不可预计的损耗，一般经验留线 5m。

算式：10m + 10m + 5m + 5m = 30m（演播室距端子柜电缆基点长度）

基点电缆长度：70m + 30m = 100m

电缆预算总长度 100m× 灯数 ×0.7 = 实际用电缆总长度（m）

如：800m^2 演播室灯光设计图纸上设有 2KW 回光灯 80 台、2KW 透射式聚光灯 160 台、1200W 扫描电脑灯 24 台。三种灯所用电缆为同一个规格型号。将三个数字相加，80 + 160 + 24 = 264（台）；264 × 100m = 26400m；26400m × 0.7 = 18480m。

以上只列举了三种灯光的大概计算数字，800m^2 演播室的灯光配置远不只这些。仅 32A × 4 墙插座箱所用电缆量就相当可观。电缆就好比人身体里的“血管”，一旦血管出了问题，麻烦就大了。

（二）电缆总长度为什么乘以 0.7

电缆计算之所以乘以 0.7 的系数，是因为电缆有长有短，总数量打七折是比较合理的计算方法（包括损耗在内）。在这儿提示大家，此法国家并没有规范规定，只是本人多年来积累的一点微不足道的小经验，同大家进行交流，具体实施以实际电缆测绘数量为准。实践证明，此计算方法基本符合实际情况（基点数准确），已被多家甲方单位和审计部门认可。

警示：此法适合诚实、敬业的照明师使用。杜绝粗制滥造，弄虚作假。

二、电缆需要率的截面积计算

电缆尺寸的表示标称截面积，用平方毫米（mm^2）来表示。所谓标称截面积，就是以 mm^2 作为导线的单位，说明不同规格间隔最优的一系列导线的截面积。确定电缆规格有三个原则：一、允许电流，二、线路压降，三、机械强度。首先，在电线中能够安全流过最大使用电流的同时，电路的允许电流必须大于该电路保护装置的额定电流。

电缆截面积用通俗的话讲，就是我们常说的电缆多大尺寸。电缆截面积大,流过每条火线的线电流功率就大。电缆尺寸规格直接关系到用电功率的载流量。

电缆计算对于我们照明人员来说是很有意义的。因为照明灯具功率大小不等,所需电缆负荷规格也就不同。若电缆使用不当,轻者电线过热绝缘短路,造成设备损坏,重者还会导致不可挽回的人身伤害。特别是演播室用电和外拍电视剧用的三相四线总电缆,对之更需慎之又慎。**熟知快速计算法,办事稳妥心不怕。**

三、计算电缆截面积,首先要记住三个关键数字

1. 电缆每平方毫米的载流量为5A (安培)。
2. 电流每A的电功率为220W。
3. 照明设备最大需要率(需要功率瓦数)。

如:演播室设有2kw聚光灯30台,1kw光束灯20台,其他设备用电功率为5kw,请你算一算,该演播室供电电缆应该如何配置?

(1)首先把最大需要率算出来:2kw×30 + 1kw×20 + 5kw = 85kw = 85000w

(2)85000W÷220W = 386(A)

(3)386A÷5A ≈ 78(mm^2)

每相截面积:78mm^2÷3(相) = 26mm^2

算式:

85000(W)÷220(W)÷5(A)÷3(相) = 26(mm^2)

答案:该演播室三相四线制的供电电缆等截面为26mm^2。也就是说三根相线和一根零线电缆截面积均为26mm^2(满负荷)。

以上是按举例计算,实际固定场所应计算系统设备的总设计容量。

第七节　电缆型号中字母与数字的意义①

电力电缆产品不下数千种，为了适应生产、应用及维护的要求，国家有关部门对电缆型号进行了统一编制。我国电缆的型号由汉语拼音字母和阿拉伯数字组成。每一个型号都表示着一种电缆结构及其使用场合和某些特征。

电缆型号中的字母一般是按下列次序排列：特性（无特性时省略）—绝缘种类—导体材料（铜芯无表示）—内护层—其他结构特征（无特征时省略）—外护层（无外护层时省略）。此外，还将电缆的工作电压、芯数和截面大小在型号后面表示出来。

例如，电缆型号 ZR － YJV22 － 8.7/15　3 × 185 中各字母和数字分别表示：

ZR（阻燃）

YJV22（交联聚乙烯绝缘、铜芯、聚氯乙烯内护套、钢带铠装、聚氯乙烯外护套）

8.7/15（8.7/15KV）、3 × 185（三芯、185mm^2）。

型号中字母与数字的意义如表 9–7–1 所示：

①参照于景丰：《电力电缆应用技术问答》，中国水利水电出版社 2007 年版，第 17 页，18 页。

表 9–7–1 电力电缆型号中字母与数字的意义

<table>
<tr><td colspan="2">特性</td><td>ZR －阻燃；GZR －隔氧阻燃；NH －耐火；DL －低卤；WL －无卤</td></tr>
<tr><td colspan="2">绝缘材料</td><td>V －聚氯乙烯；Y －聚乙烯；YJ －交联聚乙烯；X －橡胶；Z －纸</td></tr>
<tr><td colspan="2">导体</td><td>L －铝；铜不标注</td></tr>
<tr><td colspan="2">内护层</td><td>V －聚氯乙烯护套；Y －聚乙烯护套；L －铝包；Q －铅包；H －橡套；HF －非燃橡套</td></tr>
<tr><td colspan="2">特征</td><td>D －不滴流；P －屏蔽；G －高压；F －分相；Z －直流；CY －充油</td></tr>
<tr><td rowspan="2">外护层</td><td>十位</td><td>0 －无铠装；2 －钢带铠装；3 －细钢丝铠装；4 －粗钢丝铠装</td></tr>
<tr><td>个位</td><td>0 －裸外护套；1 －纤维外护套；2 －聚氯乙烯外护套；3 －聚乙烯外护套</td></tr>
</table>

本章思考与练习题

1. 电视演播室灯光工程系统设计规范总则是什么？
2. 演播室演区垂直照度与显色指数是多少？
3. 静态演播室与动态演播室在设计上有什么不同？
4. 熟悉并掌握灯光工程系统设计图表的绘制与灯光器材设备预算。
5. 计算电缆截面积，首先要记住哪三个关键数字？

第十章
综艺晚会灯光设计

本章内容提要

★ 设计师观看节目排练后，必须专门静下心来认真仔细听音乐，这项程序非常重要。因为一台晚会，音乐往往主宰舞蹈形体的呐喊。音乐起伏跌宕的旋律配上绚丽的光韵才能赋予晚会灵魂；才能抒发人们的种种情感。

★ 综艺晚会灯光设计必须分析音乐旋律中的主要内涵，找出起、承、转、合的结合点与转换点。这是配光要素的结合部，也是灯光变换的依托点。听音乐带能激发二度创作灵感，边听边对照观看节目时所做的记录，有新的想法即加以修改，直到对设计满意为止。

★ 现场操控与指挥最重要的是思维要清晰，做到心中有数。一个成熟的照明师，把跳跃的灯光看成是光的音乐，把灯光切入点、转换点、起光点、切光点、阶梯点，看成是照明语言发言、呐喊的时机。

综艺晚会已成为人人皆知，家喻户晓的“明星”。晚会中绚丽的光韵让无数观众为之倾倒。晚会似乎又成为各地庆典活动的一道“主菜”。那么为这道主菜掌勺的大厨是谁呢？是照明设计师。综艺晚会的灯光设计既复杂又困难，但也能使人兴奋，使人享受到工作的快乐。说它复杂，是因为场面大，演员多，节目形式多，摄像机多，拍摄角度多。除晚会总导演外，每个舞蹈节目都有一个排练导演，所以导演也多。节目来自四面八方，所以参加的单位也多。设计师实际上充当了一个协调者角色，但众口难调。所以，要想做好综艺晚会的灯光设计，不单纯是布光技巧的问题，还需要做大量的辅助性工作。首先，灯光设计师要和晚会总导演统一晚会整体风格与基调，还要与各节目创作导演、音乐编辑、摄像师、美术设计师、化妆师、服装设计师、道具等部门磋商协调。照明师做好与各部门的配合工作是晚会灯光取得成功的关键，因为晚会的灯光设计工作乃是整台晚会创造性劳动整体中的一部分，只有把设计工作融合在这个集体创作之中，你的灯光设计才会扬长避短、去伪存真、互惠互利、有血有肉。

第一节　综艺晚会灯光设计工艺流程

设计师接受设计任务后，第一关要做的就是熟读晚会台本，认真做好精细的案头工作，了解晚会所要表达的主题，每个节目表演的形式、风格、内容。梳理节目的串联顺序，主持人与节目的衔接样式，主持人的上场位置。听取导演对晚会台本的阐述，更进一步了解和把握晚会要表达的主题和内涵。

有人说“人的第一感觉是最准确的”。作为一名灯光设计师，当你拿到台本进行阅读时，你会被编导的奇妙创意所吸引。特别是整台晚会主题阐述的意境内涵，节目的宏伟气氛，经常会让你眼前一亮。这个“**亮点**”，**就是设计师原创动力的灵感呼应**，把以前成功设计的经验融入创意之中。在音乐的哪个音符的点上，切入何种灯光，而后转换成什么光线，用什么调子等，一一详细记录在案，并标明你对配光的创意思路，作为和导演交流时的统一构想设计底案。

当今晚会从班子组成到实施拍摄，和以前的创意设计、前期准备流程相比，发生了根本上的变化。过去，一场大晚会准备工作多则几个月，少则也要一个月。现在是快节奏时代，有时今天把你请去，明天晚上就要现场直播。这一节奏上的变化给灯光设计师提出了高时效、高技巧、高智慧、高应变、高操控能力和高瞬间现场灵感的要求。充分利用实践中原创动力灵感的呼应点是非常重要的，它能使你少走很多设计弯路。呼应点能激发你的视觉具象思维，呼应点能以点带面，让你联想翩翩，对设计整场晚会有基调感、方向感和实施感。

一、反复阅读台本，与导演磋商，确立基调

设计师必须认真熟读台本，反复研究每个节目的内容及节目的串联形式。通过分析了解节目的气氛，确定光线基调，找出你认为最能使你激动而又与你原创动力产生强烈情感呼应的呼应点。从设计角度反复琢磨、推敲，把握整台晚会的情绪、气氛，也能更好地抓住自己的第一感觉，来激发自己的创作欲望。

导演是创作班子的核心，一般导演阐述中对灯光都有专门的要求与提示，所以与导演磋商、交流是设计师最聪明的选择。在整台晚会的基调上，你必须和导演统一思想，在具体的细部情节上，你可以发挥一个设计师的主观能动性，运用创造性的配光技巧。但若导演对你某些地方有不同看法，你必须与导演沟通、协商，以达成共识。一般导演都是办晚会的高手，你有好的设计灵感会与他一拍即合的。

二、与各创作环节磋商、统一思想

设计者必须清醒地认识到，综艺晚会是集体创作的体现，要搞好灯光设计，做好与各创作部门的配合工作是关键。

1．与美工反复磋商。主要内容：布景尺寸，摆放位置，对光、形、色的要求等，它们都与灯光设计有直接的关系。如：布景太大，会影响灯光线条的发挥空间；摆放位置关系到演员造型时，逆光追光是否会被遮挡；光、形、色既是灯光设计师要考虑的问题，也与美工的设计布景工作密切相关，灯

光设计师要与美工商讨布景如何透射色光的问题。这些细节都属灯光设计的范畴，必须认真对待。

2. 与视频技术部门友好磋商。主要内容：一、了解摄像师提供光效部位，统一演区位置。此项工作在现场与全体摄像师共同进行，力求准确统一。二、光圈与灯光明暗和谐配合问题。这个问题非常重要！摄像机光圈是灯光设计的“咽喉要道”，必须和调光圈的技师们共同商讨解决办法，既要满足技术要求，又要能使照明师提光、压光时不损失照明语言的语汇意境的艺术效果。

3. 与音响师磋商。主要内容：一、话筒的摆放位置直接影响演员的光照效果，要协同音响师共同进行现场定位。二、请音响师帮忙复制有关节目的录音带或 CD 光盘(特别是音乐、舞蹈类节目)。

4. 与编舞导演反复磋商。主要内容：一、了解创作者的创作初衷。因为创作初衷会给你提供原生态的形体艺术灵感。二、了解编舞导演对该舞的灯光要求和想法。三、了解演员服装的形与色，搞清楚为什么，编导是如何设想的，等等。编舞导演提供的实践信息，将是你进行灯光设计创作的源泉。待你制订好设计方案后，结合你的设计灵感，再与各编舞导演进行取长补短的沟通，直到统一思想为止。

5. 与追光组人员的沟通。追光也是整台晚会灯光效果重要的一个环节，它直接影响到电视画面的艺术形象。大家知道，拍摄时追光人员均在演播室的前后马道上，远离灯光导控室的指挥，而且绝大多数追光人员都不是专业灯光人员，为了统一效果，他们必须接受照明师的统一指令。主要内容：一、召集追光人员开会，按演出台本顺序，标清所需追光的“入射点”和“切光点”，并让他们熟记要追光的节目位置。二、按定好的节目位置反复演练几遍，包括光斑大小的控制、色温的变化、节奏的时机等。三、为防万一，一般方法是与追光人员设计好可行的暗号。如，演播室用电筒，室外广场用手势等统一。若有专业追光或每人发一个耳麦，当然是最理想不过了。

三、观看节目排练，记录音乐起伏节奏

灯光设计师要看排练，听音乐，去熟悉整台晚会中每场节目所要表达的思想内涵和生活情趣。设计师在观看演员走台排练的过程中，应仔细观察演员在每个演区的调度关系、活动范围，群舞演员造型定位，音乐起伏与演员形体合拍节奏点，等等。边看边做记录，主要有：

1. 节目顺序号及名称。观看节目时，若节目的某一处触发了你瞬间的创作灵感，要将对这种特殊光线的设计思路记下来，最好画图，并记下音乐旋律的灯光切入点和转换点。

2. 演员调度的范围与队形阵列（特别是人数多的大型舞蹈）。为表现气势宏伟的大场面，形成对画面的冲击张力，需记下用哪几道光的明暗对比造成阶梯式布光，用哪几种色调烘托启转气氛。

3. 记录单人、群舞造型位置。造型位置决定灯光位置。详细记下节目序号、名称、歌词点或旋律点，待走台结束后，让演员重新定位，当场开灯布光，满意后让演员们记下自己的位置。同时，照明师把一组定位光记录在案，以备编程。

4. 记录追光节目顺序、名称，被追对象，启收位置等。

5. 记录电脑灯、激光灯及各种效果灯的组合配备。记录换色器色光的变换组合，等等。这些记录都是布光编程时的依据。

四、听录音带，把握音乐节奏转换点

设计师观看节目排练后，必须专门静下心来仔细听音乐，这项程序非常重要。因为一台晚会，音乐往往主宰舞蹈形体的呐喊！音乐起伏跌宕的旋律配上绚丽的光韵才能赋予晚会灵魂；才能抒发人们的种种情感。主要有：

1. 分析音乐旋律中的主要内涵。找出**起**、**承**、**转**、**合**的**结合点**与**转换点**。这是**配光要素**的**结合部**，也是灯光变换的**依托点**。

2. 听录音带能激发二度创作灵感。灯光设计师应边听边对照观看节目时所做的记录，有新的想法即加以修改，直到对设计满意为止。

五、布光与编程

(一) 布光

布光是整个准备阶段的重要环节。布光应集中人力,分工到位,有步骤、有计划地对每个节目仔细分别布光。操作方法是 :

1. 先布常规光。如 :天地排光、布景光、逆光、侧光(侧逆、前侧、正侧)、基础光、底子光、面光等。面光不宜过高,过高会影响眼神光,以全景镜头不穿帮为佳。

2. 基调光。演区上方 1 ~ 5 道带换色器的回光灯所发出的光为基调光。此光布光时,注意光斑大小一致性,前后光斑衔接要和谐。角度成顶逆光效果。一般从后台逐排向前布,采用逐一开灯、关灯布光法。为使光斑一致,以第一灯光斑为基准,拉一条横线,以此类推。采用此法布光,既均匀又节省时间。

以上光种都非常通用。布光完成后,要认真对照设计图与设计记录,根据你的设计创意进行分组、分类(灯号)。注明用在什么节目里,用什么色调,并记录下调光编组时的不同场次、不同杆号,这些场次和杆号(组控又称集控) 要既可单独使用,又可组合在一起使用,也可交叉使用。让这些光轮番充当不同的角色,就看你的设计技巧了。例如,基调光除能变化各种色彩与色调外,它又是顶光、逆光、轮廓光的缔造者,有时还可以当效果光使用 ;它既能组合成一色使用,又能以不同颜色单组交叉组合使用 ;不但能打点光,而且能当定点光使用,等等。在设计中,要充分发挥它们的多功能作用,要让有限的光种变为无限的光源。

(二) 常规光编程

灯光编程,是晚会灯光设计指挥中枢的操控按钮,照明语言的体现方式和照明师设计的灵感技巧全部储存在调光控制台内。编程是前期案头准备工作的再现,所以,编程是极其复杂又细致的工作。具体实施方法 :

1．把记录好的光号进行分组、分类，并有目的地编入集控推杆内，将使用频繁的和交叉变换的灯光编在调光台两头的集控杆上，便于两手同时操作。

2．基调光、景片光、天地排光，分道（排）、分组编程，并编入有点控的集控杆上，便于应付即兴创作时的瞬间节奏变化。有时候，现场突发奇想的灯光变化也是灯光设计创作的一大“亮点”。

3．定点光编程要按节目顺序编号，一点一推杆。定点光要求起、收干净利落，力求准确到位。要落实在节奏点上。

以上编程完毕后，要逐杆检查演示，确认无误后，在调光台上标明记号，并誊写一张编程顺序、杆号、光号、效果名称、光种名称清单，以备留底查找。最好再花一些工夫把杆号和光种效果名称熟背下来，以便操控指挥起来心里有底，不慌不乱，准确到位。

（三）效果光编程

如：电脑扫描灯，电脑摇头灯，电脑变色灯，光束灯（筒子灯），长光束灯（28V/250W），特殊灯（演区中为满足表演特殊效果需要而使用的灯具，如火、火光、闪光等），激光灯，频闪灯，投影灯，跑灯，雷闪灯等。布光方法是：

1．效果光的布置是布光时间最长的细活，最好是在静场暗场情况下进行（场内无人干扰为最佳）。布光前把原设计方案和要表现的效果构想列一个详细清单，按演区所要表现的各种效果，按各种组合进行编程。

2．特别是电脑扫描灯、摇头灯、变色灯及光束灯、长光束灯、激光灯等效果灯，设计编程时要运用得恰到好处，避免无目的的单调使用及花哨使用，应使效果光同节目融为一体。因这些效果灯通过色调、空中立体光束和上下左右造型的变换，能起到很好的点缀作用，抒发节目潜移默化的语言心声。若使用不当，就会让人眼花缭乱，喧宾夺主。因此，在编程时边放音乐边编步、景效果，让每步的节奏踩着音乐点走，使声、光、画亲密无间，达到精彩迷人、波澜壮阔的境界。

3．效果光的程序要避免单一，力求多样化。有些节目可以重复使用一个程序，而有些节目要独立使用一个程序，有的节目几个程序交叉使用，有的节目快节奏、慢节奏转换使用。总之,无论怎样使用,都要依据节目的情感节奏而使用。要想运用自如,编程工作一定要仔细、周全。

4．编程序除按音乐节奏外,还有一些技巧方法问题。为使定位准确,编程时最好把电脑灯控制台搬到演播室观众席上,对准演区正前方进行(灯光控制室太偏)。这样能让电脑灯光柱不偏台,既是摄像机与观众的最佳角度,又使编程方便快捷。

每盏灯定位准确的方法是:根据你设计的各种效果位置,在演区有效区域放置啤酒瓶或其他明显物品定位,将光柱投射到定位物上编程,造型形状可任意变化。

5．对筒子灯或长光束灯的布光和编程,可采用拉线的方法设置方位。如长光束筒子灯,一般正面一组摆成扇形造型较有气势,为使其排列整齐成型,拉线或摆啤酒瓶均可。

(四) 跟光排练

设计师要主动和导演协商跟光排练,也就是常说的合练。一切均和实拍一样,包括演员着装、主持人台词、节目与节目的衔接等。

跟光排练一般情况下不要中断节目,发现问题记录下来,排练完后想办法解决。跟光排练是拍摄前检验灯光设计效果最好的办法。通过实战演习,更能完善灯光各个设计环节的不足,也使演员、导演、照明师对舞台演出效果进一步做到心中有数,为直播或录播打下扎实的基础。

(五) 修光

跟光排练后,设计师本人会发现一些问题,除此之外,设计者最好和导演、编舞、美工再次沟通一下,虚心听一下他们的意见,汇总后再综合一下,并必须根据自己的主观创作意愿加以修改。有些你认为有道理的尽量采纳其建议,有些你认为没有道理或根本无法达到的要求可耐心解释。总之,最后灯光设计方案的定位者是你设计师。所以我认为,作为一个设计师,不但要有深厚的设计艺术功底,而且要有果断的决策魄力。否则将一事无成。

“艺有法，艺不定法”。“艺有法”是说艺术是有其内在规律的，违反这些规律是不行的；“艺不定法”是说艺术作品要避免雷同，艺术的魅力在于创新。在电视照明创作中，光线明暗反差的运用、节奏的变化、色彩的搭配、照明语言的体现、气氛的渲染等，都是有一定规律和依据的，不违反基本规律的创新才是有生命力的。

对你的设计要有信心，要有责任感，大胆发挥你的原创动力的欲望灵感，沉着、冷静地实施你的设计创作方案，成功属于你——灯光设计师。

（六）实拍

实拍指现场直播或录播。实拍前两小时，要求所有灯光工作人员必须到达现场。如果在露天或在体育馆，还应该更早些时间到现场进行准备。具体任务程序是：

1. 召开动员预备会，再次明确现场分工，统一思想，提起精神，准备实战。分工包括：设计师亲自镇守操控台并指挥全局，电脑灯操控，换色器操控，配合技术人员调光圈，各部位追光灯操控，现场放干冰操控，现场安全巡逻，特殊灯光的实施，监护供电柜、硅柜，一名机动人员上下联络。

2. 启动所有灯光设备，检验原有布光是否准确，调好的监视器有没有被人动过，灯位有无偏位，灯泡有无损坏，追光灯是否正常，等等，发现问题迅速抢修。各项工作准备就绪后，灯光人员可稍作休整，不能远离现场，必须在自己的岗位上待命。

3. 观众进场后，任何人不准随意开灯，以确保节目的艺术性和不失观众视觉的新鲜感。

4. 晚会导演下令进入倒计时时，场灯随着口令缓缓关闭，音乐起后，灯光随音乐节奏逐渐亮起，这时才算进入正式实拍操控阶段。在整个实施过程中，所有灯光人员都必须听设计师一人的口令。设计师提前按节目流程表提示各操作人员起光、切光、变光的准确时间和速度，提示语言要简练果断，各操作人员必须集中精力，准确按设计师口令执行。如果设计师临时调整节目或出现其他意外，应果断及时通知各操作人员进行调整。整个操作指挥过程也是灯光设计再创作过程，所以该过程又被称为“第三度创作”。

5．晚会开始后，设计师应密切注视监视器的灯光效果，保持提示配合调光圈的灯光人员的通讯畅通。设计师提光、压光时，应提前提示注意光圈跟踪调整，以确保灯光设计艺术效果，防止过高“**限幅**”或过低造成画面“**杂波**”等现象。一般有经验的设计师，在提光或压光时手上会有一定的**度数把握**。这要经过多次实践方可炼成。

6．在晚会实施过程中，灯光安全巡视员应密切巡视线路，检查各类电器及调光柜系统工作是否正常，若发现异常情况，尽量在不间断的情况下妥善处理。如遇重大问题应及时报告有关主管部门负责人，采取紧急措施，使用备用系统，确保综艺晚会顺利完成。

以上各程序工作执行得好坏，都会直接影响到综艺晚会节目的质量。尤其是直播节目，一旦出现问题，就会造成无可挽回的重大影响，甚至还会造成国际上的政治影响。如1991年我为《中日卡拉OK大奖赛》晚会进行灯光设计，因我台800㎡大演播室是第一次启用，又是首次通过太平洋卫星进行现场双向传播，况且日本代表团也在直播现场，搞得各个部门高度紧张。晚会开始后，我左边坐的是厅长，右边坐的是大楼建设总指挥，经常提醒我，生怕出差错，我至今记忆犹新。你们说，灯光工作有多么的重要，不好好学习行吗？因此灯光人员业务水平一定要高，责任心一定要强，工作必须细心周到，要有敬业精神，这样才能完成灯光设计任务。

第二节　综艺晚会灯光现场操控与指挥

演播室灯光设计和综艺晚会的灯光设计是两个完全不同的概念。前者是注重演播室灯光安装工程的灯光设计，后者注重灯光对晚会节目演艺效果的影响。现场操控与指挥的好坏，将直接影响到照明语言化的电视画面图像，对于前两者而言，电视画面图像都是整体设计的最终呈现。正是照明师在现场，通过对灯光控制台的调节控制，对电脑灯控制台和换色器控制台的启收节奏的指挥，而实现现场照明语言的绚丽效果。就好像一流的钢琴，其功能必须在一流演奏家的手里才能发挥到极致，才能演奏出动听美妙的乐章。

前面我们讲了综艺晚会的灯光设计流程，那只是晚会实拍前的案头设计准备工作。一个高超的照明师，不但应有精明细致的案头准备设计，更应有思维敏捷的瞬间操控指挥能力。否则，再好的设计准备都会付诸东流。

一、思维清晰，视听并举

现场操控最重要的是思维要清晰，要做到心中有数。所谓心中有数就是对调光台每根集控杆所编程的内容都能倒背如流，就像打字员打字一样，指到字出，字字无误。

所谓视听并举，就是要眼观六路，耳听八方，胆大心细，临阵不慌。照明师操控时必须全神贯注，要做到："眼、耳、脑、口、手"五到。眼睛紧盯监视器中的画面光线变化；耳听音乐旋律与节目情感节奏的变化；脑子瞬间反应敏捷；口中指挥果断到位；手疾眼快，抓住稍纵即逝的时机。

1．决定综艺晚会灯光效果的不是照明师一个人，它是由电脑灯操控员、换色器操控员、追光灯操控员、干冰释放员等人联合共同决定的。以上诸人在执行任务时要精力集中、各司其职。没有照明师的允许，任何人不准擅自更改原设计方案。

2．晚会一旦实拍，灯光系统实行一人口令负责制，那就是照明师指挥有效。所有灯光工作人员必须言听计从。灯光艺术是瞬间艺术，来不得半点怠慢，接到照明师预告口令后，其他操控人员（电脑灯、换色器）的手要准确找准效果杆，同照明师"走"的口令同步到位，否则，很难和音乐点同步。

二、起承转合，运筹帷幄

一部交响乐的节奏旋律有起承转合，一个大型舞蹈也有起承转合，晚会的照明艺术随着节目伴乐的节奏起伏，更应有起承转合。有经验的照明师一般会较好地把握住这些规律性的配光技艺，预成图式似的在这四大段落中找到灯光气氛的基调和色调。这只是一般的创作规律，要想很好地体现晚会的艺术效果，照明师还必须具备多种配光技巧，调动场内所有灯光艺术，发挥诸多艺术潜力，运筹帷幄，决胜千里。

1．**起**——序曲和开端，这时的音乐一般都比较缓慢、低而轻。编舞导演也是根据音乐节奏进行编舞造型，演员的形体基本处于静止或匍匐状态。在这一时段的照明语言，应与缓慢的音乐和静止的造型相匹配，配以30%的雷登82A基调光——灰暗的，投射在演员的形体上，第一道面光推至25%，以形成基本照度与层次。光线、音乐、演员神态和谐地融为一体。

照明语言、肢体语言和视觉心理有直接的感情联想渊源，肢体动作在音乐的伴奏下使肢体语言更加生动明朗。照明光线在给电视节目书写“书法”和“油画”时，才会对观众的视觉心理营造出潜移默化的视觉语言。所以，视、听、光三者合为一体，方能具有至高无上的艺术力量，否则，不但不能起到烘托作用，还会破坏节目内涵。比如，我在电视里看见过这样一个节目：一个庆祝晚会，上百个小天使在缓慢的序曲中匍匐在地上，几十盏电脑灯左右扫描，好像在说，起来吧，起来吧。这样的照明语言似乎有点偏离。

2．**承**——发展，这时的音乐逐渐加快，给人以欢乐的节奏。演员也随着乐曲，或轻歌曼舞，或欢快跳跃。灯光是在音乐与演员动的转接点上进行变换，启动电脑灯与光束灯，随节奏交叉使用，稳稳地托住乐曲旋律与演员动态的快感。

3．**转**——高潮，节目内容达到高潮，音乐大起，旋律激昂，演员跳跃奔放。比如：这时音乐变奏为“东方红太阳升”，灯光也应随着乐曲声切入透亮的金橙色（暖调），营造出暖人心窝的热烈气氛，把节目推向高潮。

一般高潮掀起，热烈气氛的灯光效果要托住，且不可乱变色光，只要音乐不转，灯光只上不下，热烈激昂的场面一竿子到底（一般晚会舞蹈规律），有情节剧另说。

4．**合**——结尾，大型舞蹈结尾，多半是在最高潮的时候，突然刹车造型。这时灯光师要根据事前设计好的定点造型光，按音乐点切光、出造型光(切、入要在一个点上),定点光的切光,要等最后一个结束音止,停顿一拍,切光。

三、节奏成韵,点位显功

音乐有多种节拍,没有节拍不可能有美妙动听的旋律。一个成熟的照明师,把跳跃的灯光看成是光的音乐,把灯光**切入点**、**转换点**、**起光点**、**切光点**、**阶梯点**,看成是照明语言**发言**、**呐喊**的时机。照明语言在电视画面中,起到的就是此处无声胜有声的语言作用。人类语言最讲究的是"**抑扬顿挫**",没有标点符号的语言,其表达的内容是含糊不清的。著名相声大师侯宝林先生被称为语言大师,他的语言节奏是那么的有韵味,口齿是那么的清楚。照明语言在画面中的表现必须清脆动人、干净利落、语言清晰、内涵丰富。

(一)切入点

找切入点的目的是根据节目内容与节拍气氛的改变,切入烘托气氛的效果光。切入点重在音乐与肢体变化的节奏"点"上,一旦切入点已过,此次灯光效果宁可放弃,紧接着再跟切入点。不然,不但起不到灯光气氛的烘托作用,相反,还会形成跟节目风马牛不相及的照明语言。

(二)转换点

转换点是在切入效果光后,依据节目情感的变化,转化为基调光的节奏"点",此转换点重在色调和基调的变化。根据由色彩情绪联想的语言内涵,确立暖调或冷调。转换点又分上转换点和下转换点。上转换点是在动态效果光的基础上改变色调;下转换点是在已执行色调的运转过程中,根据节目内容和音乐节奏的情感,再次变化照明语言的色调。转换点的上下转换,往往是照明语言的配光中心,要求照明师对节目的内容理解透彻,节奏把握一定要准确,转换点一定要恰如其分,色调情感对视觉的冲击力一定要强。

（三）起光点

起光点说白了就是高潮点。一场晚会有一个大高潮，每一个节目均有一个小高潮。当节目的音乐旋律和演员动作达到高潮时，照明气氛与节目融为一体，这时的灯光亮度要达到透亮，使节目绚丽多彩。此时照明语言的呐喊声最响亮，色彩最鲜艳，视、听画面最富有张力。此起光点点入准确，会使观众眼前 亮，情绪即刻振奋，有一种神奇的视觉效果。

（四）切光点

切光点就是照明结束点。往往是在节目激烈的尾声突然收尾切光。切光非常讲究，就好像大型乐队指挥一样，指挥棒突然收住，但照明切光点与其最大的区别是：指挥收尾要与音乐节奏同步，而照明切光要落后音乐一拍，却与定点光同步。

（五）阶梯点

阶梯点是指大型歌舞场面的用光技巧。为体现画面的三度空间而采用阶梯照明法，营造出电视画面明暗反差的阶梯式透视感、层次感、立体感，阶梯点就显得尤为重要。照明师根据场面调度的主次，合理调配手中的调光推杆，进行明暗配置，按照主演区明，配角区暗的原则进行分区交换亮光，使全景画面形成一个阶梯式的明暗对比照明。阶梯照明同样要有节奏点，不可毫无目的，想变就变，要根据画面造型和群体人形所处位置进行点光源照明，动态人群离开，所照光源应关闭，并启动新的人群所处地形照明。无论关光和起光都要在节奏点上，否则会失去照明语言应有的节奏魅力。

四、预成图式，现场为实

晚会灯光设计，往往是依据彩排时的气氛而萌生的设计方案。因此，彩排和正式演出毕竟是两回事。无论是演员精神还是现场气氛，台上与台下观众的呼应，演员的服装、道具的整齐程度等，对灯光师设计思路上的感官刺激都大打折扣，所以这时的预成方案是有瑕疵的，特别是那些稍纵即逝的瞬间关键效果被忽略。而恰恰是这些点缀性的照明语言，能起到画龙点睛的神奇作用。

如我在第二届西湖博览会大型文艺晚会上，对《剑舞》节目电脑灯进行现场操控与指挥。最后群体造型时，在音乐声中，手持青龙宝剑的男一号被高高举起的瞬间，突然，"咔嚓"一声巨响！男一号大喊一声——剑！全场暗场，所有电脑灯光柱集中在青龙宝剑顶端，闪电般地闪烁（摇杆手动）。强有力的电光冲击，在雷电交加的夜晚，青龙宝剑寒光四射，直插云霄，将节目气氛推向了高潮。唤起了在场所有观众情不自禁的热烈掌声。类似这样的灯光操控，照明师在现场瞬间的即兴创作与台上台下互联刺激，是现场为实的典型经验之举。

先念不等于观念，演出前设计的预成图式并非是一成不变的，一切应见机而行。实际上照明师在现场操作和演员一样，同样进入了演出状态，精力高度集中，心情无比激动，这时的思维敏捷点达到了峰值，其创作发散思维最为活跃，往往会有奇思妙想，**而这些妙招却是静态设计创造中的"闭门"**。所以说一场晚会照明艺术的好坏，与照明师的实践经验、潜意识功底、诸多艺术元素的积累、高超敏锐的理解能力和现场瞬间应变能力等有着直接的关系。

五、画面曝光，统一控制

这个问题说着容易，但做起来却非常难。首先，你能否担负曝光这一与画面质量生死攸关的重担？如果你不具备这种能力，技术部门是不会同意由你统一控制画面曝光的。如果你不能独立负责画面的曝光，要想很好地完成一台文艺晚会的照明工作是比较难的。因为艺术和技术始终是矛盾的，你想调光成低调，技术部门一看示波器数值低于标准波值，就会马上提光，你想提光他又压光，始终要让电视画面处于正常曝光状态。技术是呱呱叫，照明艺术上可能会有些逊色。所以，大型晚会操控者必须学会控制画面曝光的过硬本领。光有过硬本领还不够，还必须会沟通，“懂得通融，才会从容”。要和技术部门的工程师们磋商，相互达成默契。

以上指的是大台的视频配套设置。若碰到没有统一调光圈设备的电视台，你应如何处理呢？我多次碰到过这样的局面，谈一下处理方法，供大家参考。如，温州某市电视台，建台十周年庆祝晚会，邀我去担任灯光设计。该台当时没有统一调光圈设备，我将五台摄像机按规定位置同时对准舞台上的被摄体进行测光，然后将五个不同曝光值加和，再除以五，取平均值，设为五台摄像机各自的固定光圈。告诉摄像师，任何人不准擅自随意更改光圈，所有画面曝光亮度，均由现场操控的照明师控制。结果，此次晚会现场直播非常成功(后中央电视台一台播放了这场晚会)。

我认为，无论是否有调光圈设备，晚会最终是靠光来显现图像的，照明师是照明光线的主宰者，理应由照明师控制曝光。我想，这样说，技术部门的工程师们也不会持反对意见，但照明和技术是鱼水关系，他们相互依赖，应相互帮助，携手把电视晚会节目办好。

第三节　色光与白光的运用原则

近些年来，个别照明师在运用色光与白光上有一个误区，更有甚者，连面光也加上色光，结果使电视画面模糊不清。似乎处理低调和冷调时非得用蓝色光，我见过很重要的大型晚会，整场晚会一蓝到底，令人费解？其实这是一个误区。要揭开这个误区之谜，首先要弄清楚照明光线究竟是为摄像机服务？还是为人眼服务？人眼对光线的适应能力是比较强的，但摄像机对光的要求就比较挑剔了。它在发送端用三个滤色镜把景物分解成三基色光像，用三只摄像管分别得到 R（红）、G（绿）、B（蓝）信号，再由三个通道同时传送，在接收端同时得到 R（红）、G（绿）、B（蓝）信号。可以控制红、绿、蓝三只显像管，显示出红、绿、蓝三幅单色影像，通过光学系统把它们同时投影在白色屏幕上,就可以看到彩色影像了。通过描述摄像机的工作原理,我们不难看出,摄像机捕捉景物需要光,最后成像还要通过光学系统才能显现影像。讲到这里不得不又提到光,摄像机最喜欢的是白光,因为白光是全光谱,而色光只是白光中的一种成分而已。所以,电视用光尽量用白光,即使用色光,也要用足够的白光打底,这样才能获得清晰的图像。

下面我们再接着讲用蓝光的误区问题,前面第五章第四节“色光照明的透光规律”已详细阐述了原色光的透光原理。明白了这个原理,大家就容易理解为什么说电视用光单纯用蓝光是个误区了。大家已经清楚红、绿、蓝三原色光相加即是白色,电视晚会使用的基础照明灯通常是连续光谱——白光,含全部可见光。若要在白光照明灯前加蓝色纸,依据原色光透光规律:**“原色光只允许本原色光透过,而阻止其他原色光透过”**。其照射在景物上的光线就完全改变了,把白光中的红、绿原色光截住,就单一色的蓝光照射在舞台上。也就是说,**摄像机R(红)、G(绿)、B(蓝)三只显像管只有B(蓝)一只显像管得到信号,舞台上所有五彩缤纷的服装、道具、布景统统被染成蓝色!**如果再没有足够的底子光,整个舞台就变成了一个大染缸。画面模糊不清,连人脸都被染成了混浊难堪的蓝色。对于一个真正的照明师来说,出现这样的画面实属不应该。

电视用光最重要的是以色温论画质成败,用蓝色光作为冷色调纯属误区。用雷登82A色温纸加在卤钨灯前,使其3200K色温提升到5600K,其原来的白光不就变成冷调了吗?要知道,色纸和色温纸是两个概念,色温纸起提升原连续光谱的白光色温的作用,不损耗任何光线,所以拍摄出来的电视画面既清晰又透彻,调子明显,色彩鲜艳。

搞照明的同行们,在学习照明艺术时,不要忘记熟通电视色彩学。照明是一门综合艺术,它融诸多艺术元素为一体,缺一不可。应老实对待,不得有虚假。这一小节虽字不多,但所讲内容在综艺晚会灯光设计中十分重要,故单独拎出一节和大家探讨。

有位美食家在烹饪大赛现场问参赛的厨师们,制作美味可口的菜肴最难的是什么?有的说火候,有的说佐料,还有的说味精。美食家笑着说:“是盐，放多了咸，放少了淡，不多不少才最难。”这个道理对我在灯光创作上启发颇深！不是吗？仔细琢磨一下，我们为一个节目配光，最主要的并不是你频繁地使用五花八门的各种效果灯、电脑灯、宇宙灯、追光灯、频闪灯、跑灯、色灯等，将它们全部用上，能转的都转，能闪的都闪，能动的都动，能变色的都变色，令人眼花缭乱。花里胡哨，杂乱无章。这种用光方法只能说他：**“脑筋不动，灯光凑数”**。用光理念就像往菜肴里放盐一样，同样要把握好一个度，要根据节目的形式、风格、主题内涵、静与动的节奏变化等，进行合理的配光，来烘托节目内容。

对于目前综艺晚会大量滥用色光的做法本人有不同的看法。在本书前面章节中我已提到关于如何运用色光的问题。在这里我针对不同剧种、不同样式、不同历史背景、不同年代和不同风格的节目谈一下不同的用光理念。比如，综艺晚会中的戏曲节目，特别是历史剧人物，穿龙袍、带盔甲、凤冠霞帔、珠光宝气、色彩斑斓、光彩照人，节目本身的服装和道具的色彩已经够艳丽了，这时只要把白光打透，就能营造出画面的绚丽色彩。可有的照明人员非要在色彩斑斓的服装上加上不相干的色光，不但没有很好地凸显原服装色彩，相反，把人家戏曲中**规定好的套路戏装颜色染得四不像，**就好像非要人家古代人穿中山装，岂不滑稽可笑吗！

中央电视台第一场春节晚会是1983年录制的，这场晚会的灯光非常细腻透彻，无论是画面的质感，还是层次感和透视感，都让人赏心悦目。那时候还没有电脑灯、激光灯等各种效果灯。但那时候的照明师们，对基础白光的布光非常认真讲究，晚会也因此获得巨大成功。相反，现在的晚会鸟枪换炮了，灯光用的全是先进武器，那为什么画面还不如以前透彻呢？我认为现在有个别人，在用光理念上有些顾此失彼，光顾了用先进武器，却忘了“小米加步枪”（白光）。不要忘记，最后解决战斗，还得靠用小米加步枪的人去占领阵地。但偏偏有些人似乎不会运用白光或忽略了白光，更有甚者，在室外搭景开晚会，连面光都不用聚光灯，用筒子灯还加上色纸，照得演员的脸青一块紫一块，更不用说眼神光了——近景镜头演员的眼睛暗淡无光。殊不知，电视摄像机最喜欢的是白光，只有白光才能使真实的现场气氛再现，**忘记了白光等于忘记了照明的根本。**

照明艺术是语言化艺术，语言表达得准确、清楚、干脆才会动人，才富有感染力。你把画面照得乌烟瘴气，蓝黑不分，花里胡哨，又杂又乱，照明语言乱说话，不要说观众难以接受，就连你自己到时看你的作品都会有悔不该当初的感叹。

任何艺术都遵循一定的自然科学规律，凡是违背自然科学规律的行为都是不真实的。白光是全波长连续光谱，含红、橙、黄、绿、青、蓝、紫七种色光。色光只是其中的一小段和一分子。我把**白光比作菜肴中的“白盐”，把色光比作五颜六色的菜，把电脑灯比作味精**。电脑灯是调味品，放多了会走味儿，菜再新鲜，烹饪时不加盐它也出不了鲜味儿。我的观点和那位美食家一样：**做菜最难的是放盐；照明最难的是白光**。

第四节　节目顺序的配光玄机

电视艺术的审美特征，是艺术本体论必须回答的问题。一台大型综艺晚会含有多种艺术形式和剧目种类，其各门艺术之间的区别，最重要的是艺术的内涵和审美方式。对于作为视觉艺术的综艺晚会来说，我们除对其进行各种效果的照明设计外，还应在节目的排列顺序上下工夫，要做到同类节目不同的照明效果，每个节目要有每个节目的配光玄机。

节目顺序配光玄机在一台晚会中非常重要，它好比一桌宴席上丰富的美食，高明的大厨对每道菜的上席顺序是很讲究的，这里边蕴藏着**视觉与味觉的需求欲望**玄机。厨师不但要烧得一手好菜，还要研究人的饮食心理。照明师同样如此，不但要会布光，更要研究人的视觉心理与审美情趣；不但要注重各种灯光效果的设计，更要**重视人类视觉欲望高低起伏的心理因素**。人脑的反射活动，是通过对反映到脑中的外部世界的形与色进行分析与综合，而后由它们所产生的视知觉的情感联想作出感知或反之的判断。综艺晚会就是调动声、光、色和多种艺术形式让观众大饱眼福。如果你第一道菜是“鱼翅鲍鱼”，第二道菜又是“鲍鱼鱼翅”，虽说上的都是高档菜肴，却不一定会赢得食客们的好感，倒不如上碗青菜豆腐，可能反而会受到青睐，这个道理我想大家都会有同感。人为万物之灵，其高贵之处正在于人**具有美感意识，它是人的各种心理功能的综合表现，是思维、情感、理智、意志等多种心理功能的集中体现**。而照明光线恰恰又是为满足人类心理思维、情感、视欲所必须存在的艺术要素，因此，在影视创作诸多艺术元素中，光线被人类赐予第一元素的“宝座”。

明白了以上的道理还未必能做好这项工作，这里面还暗藏另外一个玄机——**主见**。对于一个成熟的照明师而言，心理定力和主见尤为重要。因为一台晚会是群体智慧的结晶，它综合了各个创作部门的创造性，每个部门都可能向你提点要求，这个要求往往是偏重某一方的创作倾向，而照明师的工作却“牵一发而动全身”，若顾此失彼，会殃及整台晚会的艺术效果。主见的关卡最难过的是导演，因为导演是整场晚会的总指挥，若你碰到一个高明的导演那真是福星高照，反之，你的艺术功底和主见不过硬准砸。我一个老同学为某大台搞了一台大型综艺晚会，电视上播放了好几回。有一次会上碰到我，他问，某某晚会你看了感觉怎么样？我说，不怎么样，灯光设备很先进，但每个节目的效果都一个味儿。当时我这位老同学大谈苦情：嗨！别提了，节目都是单录的，导演好激动，录每个节目时他都要大喊！灯光大动，电脑灯动起来！结果节目一连起来都一个德行。是的，也难为老同学了，类似这样的情况我也遇到过好多次。但我处理起来都会考虑整场晚会上下衔接的节奏效果。有人不禁要问，难道导演的话你不听吗？听啊，排练时满足导演的激动情绪，实录前必须再和导演沟通一下，把你的设计思路向导演汇报，一般导演还是很通情达理的，毕竟都是艺术家嘛，对艺术构思会达成共识的。**怕就怕照明师自己说不清道不明**，只能听导演指挥。所以说，照明师必须要有主见和定力，而这个主见是多年的经验积累形成的。因为对客观现实的反映总是由一定的个人来进行的，总是受他积累起来的全部**个人经验和个性心理**特征制约的，并且是通过主题活动实现的。所以说**心理是客观现实的主观映像，是主观和客观的统一，这种统一是在人的实践活动中实现的**。

事实上，晚会是在全封闭、无窗户的场合直播和录播的，全要仰仗人工照明进行艺术效果造型。现场的与电视机前的观众,对现场每一点光线都很敏感,就连场灯关闭的时机,暗场与起光的衔接节奏都会对观众的视觉产生心理上的影响,稍有不慎,就会对整场晚会的效果带来不利影响。照明光线的启闭节奏没有和观众心理的节拍产生共鸣,观众心理的阴影骤然上升,对晚会的印象就多了一道面纱。因此,照明师在设计灯光时要有全局观念,每动一下灯光都必须目的明确,包括演员上场下场、上下节目的衔接、主持人上场下场与节目的和谐变化,节目顺序的灯光气氛都要有不同的玄机。同时还要考虑到**观众的视觉心理欲望满足感和视疲劳感**,要给观众一个**视觉转换的间隙时间**,这些都属照明师在灯光设计中所要思考的问题。

第五节　综艺晚会人物眼神光的布光要领

综艺晚会中表现人物的眼神光,向来是摄影与照明人员应该重视的问题,但往往有些同行只重视晚会整体效果,而忽略了晚会中人物特写与近景的眼神光。其主要原因:晚会是在大面积普遍照明情况下,采取多台摄像机进行连续切换,对动态人物进行拍摄,不像电视剧人物特写或近景时,可在静态中单独为人物加眼神光。照这样说,是不是晚会动态人物的特写或近景就可淡化眼神光呢?回答是不可以!因为眼睛是心灵的窗户,人们通过眼睛来直接观察对象。一个人的内心活动和精神状态,往往通过眼睛传神。特别是舞蹈和小品,一个人的喜、怒、哀、乐,往往在眼睛里得到最敏锐的表现。

综艺晚会表现眼神光的第二难点,在于舞台二维单面表现法,限定于三度布光照明,显然侧光由于摄像角度的关系,也很难全面表现人物的眼神光。除非摄像机在正侧面机位,演员侧对舞台,这样可形成侧光表现的眼神光,但这个机位拍摄角度微乎其微,又面临其他摄像机穿帮的危险。

综艺晚会表现眼神光的第三难点,最主要的依靠对象就是主光与副光(面光)。由于主光在舞台左右前侧,视角大,不易被全景镜头穿帮,布光时也应尽量降低光位，以满足一号、二号摄像机对角构图拍摄需求，但它并非晚会正面主要眼神光的缔造者。要说体现综艺晚会人物眼神光，还得靠面光，麻烦的是面光处于正中央，前台观众席后排架有大全景摄像机，面光降低眼神光才可形成，但又有穿帮之嫌。是不是就没有办法了呢？事在人为，明白了我前面讲的三点与三度布光法，这个问题就会迎刃而解。

首先，在布光时就要重视眼神光的表现，如果你只设计一道面光，是难以完成的。根据我的体会，一个 $800m^2$ ～ $1000m^2$ 演播室的表演区，最少要三道以上面光才较为合适。面光的设计实际上把表演区分成三到五个区域，每个区域前设一道面光，无论演员前后如何行动，当他面向舞台正方时，眼睛都会是亮的。这样布光还有一个好处，由于角度夹角缩小，易遮挡，为形成整场光线影调提供了布光基础。舞台前面的一道面光，为了让它发挥好的效果，在布光时最好让视频部门把全景摄像机打开，把面光降到最低点，以不穿帮为最好。

此种布光法还有一个优点，当你为大型歌舞配效果光时，此面光还可以充当底子光。注意，充当底子光时，必须阶梯式起光，切莫一齐打亮，推杆亮度以不冲效果光为宜。在现场用光时，一切应视现场环境气氛和色调、影调而定，要灵活掌握，见机而行。

以上是为群舞营造眼神光的技法。双人舞和独舞又该如何体现眼神光呢？双人舞、独人舞因人少、舞台面积大，不可能大面积用光，为了引导观众的视线，一般均采用追光灯和点光源加 30 % 的底子光。此种布光法形成的眼神光，主要依靠面光追光灯。但要说明的是，因追光灯是 5600K 色温，为使人物脸部处于正常色，必须在面光追光灯前加雷登 85 色温片。逆光追光和定点造型光可以忽略，前后冷暖搭配也是一种照明风格。值得注意的是，加一层色温片会使追光灯照度降低，此面光追光灯应选择功率大一些的。如若不加色温片，必须用第一道面光加以和谐。

主持人是整场晚会台词串联的媒介，又是衔接晚会气氛、节奏的灵魂人物。对主持人眼神光的设计一般要单独布一组定点造型光：

1. 开场与结束，主持人一般均站在前台中央位置，此时的眼神光由面光营造。

2．串联节目的时候，主持人的常规位置是左台口前(具体位置与导演沟通定夺)。确立主持人位置后，以三点布光原理为其单设一组定点光。布光时必须让主持人站好位置。待光布好后，再让主持人走几次台确立地位，必要时可在定点处做一记号，以免偏离最佳光区。编程时单设一杆集控，主持人的定点光与全场光共用，用光时灵活掌握，视主持人所站位置随机应变，交替使用。

本章思考与练习题

1. 综艺晚会灯光设计工艺流程的要点是什么？
2. 大型文艺晚会操控与指挥的五要素是什么？
3. 综艺晚会中白光与色光的运用原则是什么？
4. 综艺晚会人物眼神光的布光要领是什么？
5. 为什么注重节目顺序配光的异同转换？

第十一章
现有光照明

本章内容提要

★ 现有光照明是现代人对照明的一个新的审美理念，特别是现代题材的电视剧，大部分采用实景拍摄，而实景中我们就要面对景内的现有光线的存在与形成。实景中的灯光光源，为电视剧画面造型提供了可靠的光线依托，使观众能感受到真实环境再现的亲切之感。

★ 表现现有光，首先要熟知各种现有光的特点，包括其光斑形状、色温、动态规律、照度范围等，让它以原生态的本来面目显示在画面里。

★ 外景现有光采光，关键是拍摄现场的应变能力与照明师审时度势的能力。外景采光采得好，能恰到好处地表现出电视剧中的特定环境。

由于社会的飞速发展，人们的生活水准发生巨大变化，居住环境的改善更是史无前例。人们对照明的审美观念和要求，更趋向于艺术化和造型美感。现代家庭的装饰，大量的照明元素融入其中。对于反映现实生活的电视艺术作品来说，现有光的运用，更是当今照明语言学说的又一新的创作理念。

第一节　巧用现有光照明

现有光指的是不加任何电视照明专业灯具所投射的光，是在拍摄前现场现成的光源。现有光包括现代家庭卧室内用的照明光，客厅用的豪华吊灯光，新式的各种造型 50W 聚光杯光、商场中琳琅满目的各种照明灯光、豪华酒店大厅、餐厅、舞厅、会场上设置的诱人灯光。当然还包括射入室内的太阳光，不夜城中的环境光和酒吧情侣旁的烛光。总而言之，现有光是指已存在于拍摄现场的光线。

时代的变迁，超时代的装潢及居住环境理念，更加趋于采光与夜间灯光造型的审美观点，人们越来越重视灯光光线的和谐，公共场所甚至已有之。本来，对我们照明工作者来说，这是应庆幸的事，但是同时，新的挑战摆在我们面前。如果我们在现有光条件下拍摄电视剧，如何更好地体现现有光的真实感与美感，这是需要研究的一个新的课题。

现有光对于照片摄影来说更具有真实感，更能体现别样的情调，但对于作为写实艺术的电视剧来说会有一定的难度，最大的困难是曝光控制问题。因此本书特列专章对现有光进行阐述，探讨现有光如何为电视照明所用。

第二节　为什么要用现有光

现有光照明是现代人对照明的一个新的审美理念，绚丽夺目的灯光造型艺术，不单限于电视台演播室，而且人们已把照明语汇作为家庭、环境装饰的主要构图元素。人们足不出户，坐在家里就可感受光线的魅力：光束照射在走廊上、客厅的花架上、壁画上，透亮的光柱形成网状构图，偌大的客厅仿佛出现另外一番景色，明暗光线强烈的反差，更能让人浮想联翩，此时，人们白天工作的疲劳会顿时烟消云散，惬意绵绵。

电视剧——特别是现代题材的电视剧，大部分采用实景拍摄，而实景中我们就要面对景内现有光线的存在与形成。如何既提高照度以满足摄录设备的曝光需要，又保证不破坏现有光的原生态气氛，而使真实环境得到再现，是我们照明工作者要解决的首要的布光技巧问题。解决布光技巧问题另节专述，现在先让大家了解现有光的存在价值。

实景中的灯光光源，让电视剧画面中出现了真实的居住环境，使观众视觉倍增真实环境再现的亲切之感。反之，若没有这些现有光，这种真实感和亲切感就会大打折扣，而且画面还缺乏层次感和透视感，对观众的感染力也会降低。因此，在拍摄实景时，必须很好地利用现有光的特点，为我所用，达到创造照明语言之目的。

写实艺术照明的创作，是以室内光源为依据的，现代化的家庭照明恰恰给我们提供了有利的布光条件。只要我们遵循人工光的布光原则，这个问题是很好解决的。以上我们只提到了家庭室内现有光，其实现有光包括很多方面。我们要拍摄实景的酒店、餐厅、大堂、舞厅，等等，其现有光都很有特色，切合环境内涵，是现有光独具匠心的语言语汇风格，它重笔点化了酒店的豪华、品味与档次。同样，舞厅、迪吧更是体现灯光魅力的场所。在这种实景中拍摄电视剧的某一场景时，更要把握真实环境的再现，既要保证演员脸部的曝光，又要注意色温的平衡，还要满足电视画面的质感。

用现有光，并非是完全用现有光进行电视剧照明，这个概念要搞清楚。摄像机捕捉光线必须达到一定的照度才能现像，用合理的布光方能完成拍摄任务。这里指的现有光只是环境的点缀与装饰，说白了，就是利用现有光的气氛参与电视照明的构图。再直接点说，是利用现有光与专业人工光二者的混合光对电视剧场景进行照明语言创作。

第三节 如何表现现有光

上节谈到为什么要用现有光,这节谈谈如何表现现有光。要想很好地表现现有光,首先要熟知各种现有光的特点,包括其光斑形状、色温、动态规律、照度范围,等等。其次是要保护现有光,让它以原生态的面目显示在画面里,而不是因光比差距问题把现有光曝光过度,使现有光面目全非。这样不但起不到画龙点睛的作用,反而会成为照明语言的乱语,画质中的败笔。

一、底子光表现法

底子光是均匀地泛照在场景中的漫反射低照度光,像化妆打底色一样。其主要功能是满足摄录设备基本照度要求,和谐画面层次,凸现效果光线条。特别是拥有现有光照明灯较多的大场面,用此法比较奏效。

底子光的布光方法也不是千篇一律,简单地铺了底光就算完事。要有选择地实施,要等机位的位置、景别范围、演区的大小、环境阴暗面的范围等确定后,再确定用什么灯、从场景什么方向投射底子光、用几盏灯参与创造,还要视剧情、导演分镜头中所提示的风格、演员人数、地位等而定。场景照明光线布光设计满意后,照明师需在总角度仔细观察各现有光照明灯有否出现阴影现象,若有此现象必须采用遮挡法加以消除。

二、主光表现法

主光表现法是指在实景中,选择一种主要照明光源作为场景中的主要创作光源。一旦主光源建立,场景中的一切光源都要依从主光源进行人物造型,其他场内现有光照明灯均可作为修饰光。必要时可采用一些小功率的照明灯，在现有光的方位上补充光线进行构图造型，但必须是在不破坏真实环境的基础上进行创作。

主光源的光比可通过摄像机旁边的副光加以调整。照明风格的体现副光起关键作用，对副光的运用直接体现一个照明师对照明语言的理解。

主光表现法的最大优点是，突出了场景中主要光线的语言韵律，强化了画面质感，更可贵的是，由于主光的强光加入其散射光，又增强了底子光的作用，加上围绕主光进行造型的一些小功率模仿现有光的修饰光源，使整个场景的照度整体提升。既满足了曝光需求，又表现了原现有光的魅力。

第四节　现有光在实景中的态势

现有光就是指实景中所存在的已有光线。这些光线的存在，为实景增添了真实感，又体现了某一时间的照明光线的特征。夜间照明用的煤油灯光、蜡烛光、台灯光和现代化的各种新式照明灯具发出的光等都属现有光。当我们为某一场景布光时，你很快就会注意到一些基本规律。这些规律是不言自明的，无需赘述。但是，使人惊异的是，这些不言自明的事情却常常不为人所注意。如：

1. 清晨光线的特点：这时刚刚天亮，太阳还未出现在地平线上，此时的光线应该是清新透彻的，明暗反差大，而色温又是偏冷的调子。

2. 朝霞光线的特点：太阳刚刚升出地平线，阳光对地面的投射角度约在 15°之内。这时，景物的垂直面被大面积地照亮，而其水平面被照明的面积较小，形成了长硕的投影。阳光透过极厚的大气层，光线被大量散射，显得十分柔和。这时候的基调，仍以偏冷柔和的光线为主，由于火红的太阳对地平线的角度较小，加上建筑物的遮挡因素，金橙色的光线只是从窗户的边角透进室内。在窗户对角墙壁上形成不大的窗格投影，有时为了明显体现朝霞的气氛，还可以在镜头明显的布景上或人物身上布一条金橙色光条。

3．晚霞光线的特点：它和朝霞有明显的差距，朝霞光线强劲、透彻、清新，像年轻人一样有活力；而晚霞光对地面的投射角度虽也在15°以内，但它就像一个“老人”一样，经过一天的劳累，显得那么苍老。晚霞光线略显黄昏之感。因此，晚霞光的布光，画面基调应确立为偏暗，此外加大面积的金黄色光斑投影投射到室内，而且窗户的投影面积较大，窗格清晰度较高。

4．煤油灯光和蜡烛光主要用作古装电视剧的现有光的照明光线。这两种光有其独有的特点。比如，两种光都是以火苗为发光体，火苗受风的影响会摇摆不定，在电视剧写实布光里，它们又都是主光源，当我们模仿它们时必须真实地还原。照明光线也应在人物的脸上造成火苗摇动的感觉，这是其一。其二，它们的色温要有差别，一般煤油灯的色调为橙色（R+Y生成）。蜡烛光一般用黄色光（R+B生成）。在设计主光时要特别注意方向与角度。

5．台灯光线在电视剧中是最常见的光线，但有的人却没有去仔细观察它。台灯一般都有灯罩，就是这个灯罩给我们提供了布光的方法与技巧。有的电视剧表现办公桌上的台灯、床头的台灯时，往往忘记其特有的光斑（灯罩的光斑形状）。照明师在拍摄前做准备工作时都应考虑到这方面的问题，应该准备一些各式的套筒，这对模仿现有光线大有作用。

说穿了，电视剧照明，最难的就是模仿存在于实景中的现有光，对其进行还原。无论是日景还是夜景，不都是对真实环境的再现吗？既然是这样，那我们平时就要多观察大自然中的万景万物，多研究照明光线对世间万物表现形态的影响。

第五节　外景现有光的采用

一部电视剧的制作，无论是拍摄内景还是拍摄外景，无论是用自然光还是人工光，都离不开照明师的工作，横竖都是你的活儿。有人说，拍外景照明师就清闲了，说这话的人，只能说他对照明工作还不够了解。称得起照明师的必须会全活儿。全活儿就是要能驾驭诸多艺术元素，不但要会布光，更重要的是要练就一副好眼力，对光线要有特殊的敏感。反正我认为眼拙的人搞不好照明。当年我恩师周化忠教我的时候，每次提醒我时都说：**"你的眼睛呢？"**就是说，搞照明必须先用眼睛看懂门道，再下手布光，眼睛观察得不准，那不叫布光，那叫狗带嚼子——瞎胡勒。恩师的这句"你的眼睛呢"让我受用一生。几十年了，这句话始终在警示着我。一个合格的照明师要熟知天文地理，熟知来源于知识积累。照明师每到外景地，首先要清楚地了解太阳光投射到地面上的不同角度，大气层对太阳光的影响。还要了解我国各地区所处的经纬度，以及季节、月份的不同对光照的影响，等等。

我国地大物博，不同地区在不同季节、不同月份，太阳光照射的时间均不同。比如，在夏季，杭州19点天就黑了，1991年我在甘肃敦煌拍《中国神火》时，23点多天空还大亮。这是因为在夏季，越靠近地球北极的地区，太阳照射时间越长，太阳最高照射角度越低。当夏季来临时，太阳直射北半球，赤道以北所有地区的昼孤都长于它的夜孤。因此，这时的北半球就昼长于夜，而且，越往北昼夜长短的差别越明显。越过北极圈再往北，就几乎只有白昼而无黑夜了。

相反，当冬季来临时，太阳直射南半球，赤道以南所有地区的昼孤都长于夜孤。这时南半球昼长于夜，而北半球则夜长于昼。

我国领土最北端位于漠河以北黑龙江主航道中心线，北纬53°上，最南端在北纬4°附近的曾母暗沙，南北相聚5500多公里，跨纬度近50°。最东端在黑龙江和乌苏里江的主航道会合处，最西端在帕米尔高原上，东西相距 5200 多公里，跨经度 60 多度，东西时差四个多小时。

我国地理经纬度为东经 73° ~ 东经 135°，北纬 4° ~ 北纬 53°。我国各地区的纬度如表：

表 11-5-1 我国部分城市纬度表

41° ~ 45°	哈尔滨	沈　阳	长　春	乌鲁木齐
36° ~ 40°	北　京	大　连	济　南	太　原
31° ~ 35°	上　海	苏　州	汉　口	成　都
26° ~ 30°	杭　州	南　昌	长　沙	贵　阳
21° ~ 25°	昆　明	柳　州	广　州	海南岛

上述表格说明，纬度差在 5° 之内的地区，其季节基本是相同的。熟知这一表格后，对没有去过的地方的气候变化也能有所了解。

在太阳系中，地球和其他所有的行星都一边自转，一边绕着太阳公转。作为太阳系中心的太阳，是不是也在自转和公转呢？对于这个问题，古人是不知道答案的。直到 1609 年伽利略发明了望远镜，才证实了太阳也在不停地自转着。太阳的自转方向也和地球一样——自西向东，因此从地球上看去，太阳黑子在日面上是自东向西移动的。由于太阳是一个气态球体，所以它的表面不同纬度的地方旋转速度不一样。赤道区速度最大，转一圈只要 25 天。随着纬度的增高，旋转速度也越来越慢。到了纬度 80° 的地方，转一圈要 35 天。

自古以来，人类就利用天体的运动来计量时间，因为这种运动既均匀，又能为一切人所观测、所共用。首先是太阳的东升西落运动（即周日视运动），可以用来计量"日"以内的时间，如日、时、分和秒。我们平日所说的 1 日等于 24 小时，就是太阳周日视运动的平均周期。

太阳在一天内从地平线上升起、落下，其不同的高度又对应着早晨、上午、中午、下午、傍晚等时间段落。如图 11-5-1 所示：

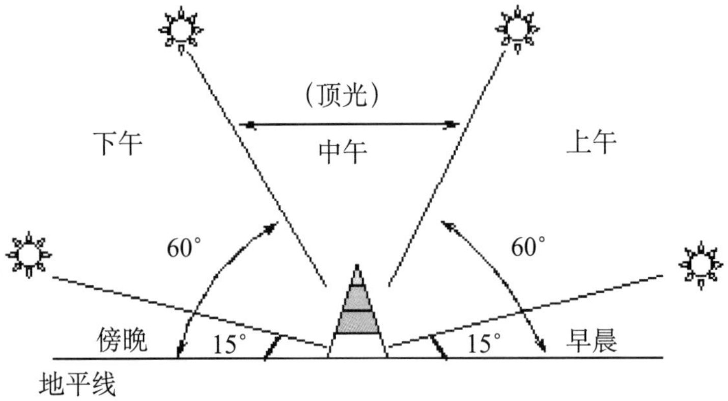

图 11-5-1 太阳光在五个时间段的照射区域

外景采光时，照明师应注意太阳起落时色温的变化，因为色温直接影响到电视画面的画质。正常情况下，太阳光升到 15° ~ 60° 之间时，色温为 5400K ~ 6000K。日出或日落时，色温为 1800K ~ 2000K。太阳光升高到 60° 以上为顶光。从上面的示意图可以看出，太阳光从地平线升起到 15° 时为日出或晨光。当太阳光从 15° 升到 60° 时为正常日景拍摄时间。太阳从 60° 再落到 15° 时，也为正常日景拍摄时间。太阳从 15° 再落到地平线，这段为日落或傍晚(黄昏)时间。太阳从升起到日落，可分为日出、日景、顶光、日落四个光区范围。

采用外景现有光时应注意以下问题：

1．外景地主要现有光就是太阳光，出发前照明师要携带必备的采光设施，如反光板、反光伞、黑棋、挡光板、减光布、大面积柔光布(带撑杆)、镝灯、标准白平衡色卡、指北针、金黄色和金橙色色纸等。这些材料设备，无论是在大晴天还是在大阴天，都能保证正常拍摄。

2．外景地跨省市跨地域是不固定的，因此，照明师要注意拍摄地区的太阳是从哪个方位升起，到哪个方位降落，并要注意对周围环境等进行观察。

3．确定有效的拍摄时间。一般情况下，太阳升至 15° ~ 60° 之间，为拍摄日景的有效时间，而且，这时太阳光的色温已处于正常，为

5000K ~ 5600K,是比较标准的日景光色温。此时段的光线持续时间较长,各部门应配合默契,争取加快拍摄速度。

4. 注意拍摄的方向性(东、南、西、北)。用指北针确立方向,这是外景采光中非常重要的一项工作,也是在实际拍摄中的用光依据。

5. 要清楚剧本中所描写景物的季节、时间和景物的色彩对比度。剧本中的景物何时何地最符合拍摄条件,选择拍摄外景地必须做到准确无误。照明师平时对这方面的知识也要有一定的经验积累,还要及时和制片部门达成共识。

6. 在外景地采光时,有时一个上午未必能完成,这就要求照明师把握好同一场景中镜头与镜头光线衔接的问题。在掌握每个场景时,除场记详细记录外,照明师也应做详细记录,要记住镜头的总角度,剧中人物的方向性、活动范围等,以决定接拍镜头光源之方向的连续性与和谐性。

7. 在城市拍摄外景时,总角度对着东南或西南方向较好。此方向侧主光角度多,背景光的方位也好,而且可拍摄时间长。当然,这只是说在一般情况下拍摄日景,采用此方向的光线比较好,并不是绝对的。一切以现场真实环境的现有光线特征为准。

8. 在农村拍摄外景,最好采用侧逆光进行拍摄,这种光的方位,对人物、背景的分离有明显的效果,能使人物轮廓和背景层次比较清晰。

9. 拍摄沙漠,太阳光最好在升起时 15° ~ 30°,或日落时 30° ~ 15°左右高度,这时拍摄能将沙丘的暗影表现出来。太阳一高,沙丘的暗影没有了,拍出来的画面是一片白,丧失了影调反差和立体感。

10. 外景拍摄瞬息万变,太阳光对纬度的照射不断上移。当高度超出60°变为顶光时,对于大全和全景还凑合,但对于人物的中、近景来说,光线就会产生差异,特别对同一场景的镜头来说,光调和气氛明显不接。怎么办? 这时照明师就需要改变现有光的照射形状,利用大块柔光白布,对太阳直射顶光加以遮挡,使拍摄场地的现有光线由顶光变成透射散光。

11. 外景拍摄无论是假阴天还是阴天,太阳光永远是主光,这时候就需要采用外景灯具进行辅助光照明,特别是中、近、特写镜头。外景灯具采用大功率(3KW ~ 4KW) 镝灯为宜。如果剧组有发电机当然最好,若没有发电机就要采用直流镝灯。一般镝灯属连续线状光谱,可见辐射光谱与波长接近于太阳光。因此,外景日景拍摄用镝灯做辅助光较为理想。晴天时多采用反光板和反光伞制造辅助光。

12．日出、日落时的采光要求 :拍电视剧毕竟是艺术创作,有时真实的现有光未必能达到剧本所要求的理想效果。如外景中体现日出时人物近景的光线效果,人物脸上或身上往往要有一些金橙色光线 ;表现日落的气氛,要在人物脸上或身上扫一些金黄色的光线。像这样的特殊光线效果,照明师要在镝灯的边缘角上巧妙地加一些色光纸。记住,色光不可大面积地运用,只能点到为止。

以上外景采光点滴,对学习照明的人会有一定的借鉴作用,但更为重要的是拍摄现场的应变能力与照明师审时度势的观察能力。外景采光采得好,能恰到好处地表现出电视剧中的特定环境。而且时间感、气氛感、时代感也会更足。光影造型气氛的运用,要和剧中规定情景相一致,这对表现人物的情绪和展示画面场景气氛有着非常重要的意义,也是照明师在运用现有光线时不可缺少的创作手段。

本章思考与练习题

1. 现有光照明在实景拍摄中起到什么作用?
2. 现有光照明在实景拍摄中应采用什么照明技法来表现现有光线的原生态态势?
3. 外景自然光线下的现有光在采光运用上应注意哪些方面?

第十二章
电视剧照明

本章内容提要

★ 电视剧布光最能体现照明专业的技能与实践，光会电视演播室照明设计与布光，而未掌握电视剧照明设计的照明师，是一个不完整的照明师。

★ 电视剧照明设计首先要突出“真”字：真实的环境感、真实的时间感、真实的时代感。

★ 拍摄室内日景，要根据门窗的位置来确立主光源的方位，布光时要根据人物距门窗的远近和构成的角度来确立照明光线的强弱。

★ 电视剧布光对人物脸部造型有一定的明暗效果，其规律为：近靠门窗则亮，远离门窗则暗，面向门窗则亮，背向门窗则暗。这也是根据写实艺术的自然生活规律而形成的布光技法。

★ 假设光，是写实艺术布光中的“救场光”、“灵魂光”，在布光设计中要合理运用、巧妙设计。

★ 布光艺术是遮挡艺术。遮挡艺术能体现照明师对画面构图与画面艺术氛围的审美修养，它包含照明师敏锐的观察力，对剧情的理解力，对大千世界万物万事态势的洞察力。

★ 电视剧场景一次性布光法蕴含着复杂而充满玄机的价值观问题，又是当前社会市场经济快节奏的需要。因此,革新拍摄技巧,提高拍摄效率,降低前期制作成本,是当前电视剧拍摄的走向。

电视剧照明,是照明专业人员应具备的电视剧照明设计和布光技巧与技法。也是照明专业本科生必须理论与实际相结合的学习课题。电视剧布光最能体现照明专业的技能与实践,光会电视演播室照明设计与布光,而未掌握电视剧照明设计的照明师,是一个不完整的照明师。

第一节 电视剧用光理念

电视剧是写实艺术,照明语言与技法是比较严谨的,在用光理念与原理上都有规律可循。电视剧灯光照明对于电视剧艺术来说,绝不是一个简单的照亮,而是建构电视剧艺术语言学说的一项重要技法。特别是电视剧场景的光影造型,明暗层次的光线构图,体现剧情要求的时间气氛与调子和环境特定的艺术效果,照明光线增添画面主体景物所不具备的意味与气韵,创作光线的联想,创造阴影的语言化联想等,都要依赖照明去表达。

电视剧,尤其是电视连续剧,人物多,场景变化多,集数多,镜头数量多。过去它们大多数是国家投资,现在多数是个人投资,风险共担。所以,无论是制片人,还是出品人,在选择剧本和组织创作班子时,都不敢有半点懈怠,对主创人员的选择,更是慎之又慎,特别是照明师的人选,关系到全片的命运,对之更是挑了又挑、选了又选。什么样的照明师才是最理想的呢?一、首先是人品好、身体好。二、艺术灵感与审美意识好。三、用光理念与布光技巧好,动作快、效率高。不具备这几点,没有一个剧组敢把一个投资很高的电视剧让你做试验。

电视剧的用光理念又是什么呢?外景拍摄主要是在采光上下工夫(参见第十章第五节),室内实景、棚内搭景(日、夜)均是模拟自然光和室内现有光。说白了,真实地模仿自然光线投进室内所表现的自然环境状态和夜间现有光在室内的照明,就是真实的环境再现。电视剧照明设计首先要突出“真”字,让观众一看就有信任感,真实的环境感、时间感,真实的时代感容易让观众产生共鸣与联想。在突出“真”字的基础上,再根据剧情进行艺术加工,再遵循艺术源于生活,高于生活的原则,进行艺术创作。

第二节 拍摄前重视监视器的调整

监视器是整部电视剧的参照标准。既然它是标准,拍摄前应首先把它调整到标准状态,否则将影响到整部电视剧的拍摄。在调整监视器时,必须将监视器置于无外界光线干扰的状态下进行调整,这样才会真实准确。一般先调黑屏再调彩条,调彩条时关键要看,黑白灰的条纹层次要分明,把黑白灰条纹调整得很逼真,彩条纹的调整问题则迎刃而解。调好后,用胶布或胶带纸将监视器旋钮封盖上,防止好动的人乱调,那可是害人的行为。

监视器一旦调好,必须有专人看管,任何人未经允许不准擅自拆封条。一台监视器启用后,要一用到底,否则整部电视剧的光线调子很难统一。

监视器最好配置铝合金箱进行转移、搬运,要轻拿轻放。现场进行参照时,摆放的位置很有讲究,屏幕背靠拍摄现场,以防场内光线干扰,给导演、美工师、照明师造成误判。拍外景时,因室外自然光太亮,还要给监视器定做桶状黑布套,将外界光线遮住,供导、摄、美、照观看。

拍摄过程中若发现有杂波现象,附近很可能有无线电发射站,产生电波干扰。遇到此种情况不要在意,那只是表面干扰,对实际录像质量没有影响。对每天拍摄的画面回驻地后要进行回放,发现问题第二天及时修改,以确保电视剧图像完好无损。

第三节 室内日景、夜景拍摄
先确立主光源位置

电视剧布光首先应确立主光源位置。应根据剧本提示和剧情要求，演员表演区域的范围和方向，来决定主光源照射的方位和光斑范围。主光源布好后，在演区适当位置的顶端吊挂一盏灯提供散射底子光，以和谐环境光线与满足基本照度。以上两个光线设计好后，照明师要先从摄像机总角度观看整个场景的光线效果，因为总角度所看到的才是我们所需要的镜头画面。在仔细观看时，找出光线的明暗不足之处，然后再根据场内演员、道具的位置，按自然规律进行补光和挡光。主光源必须有明显的显示，其他任何光都不能超过主光源的照度。用简练的语言说："主光源确立后，其他光均是修修补补，遮遮挡挡。"

主光源确立后，整个场景的主光是不能随意改变的。为什么呢？在日景中它象征太阳从门窗投进的主要光线；在夜景中，它象征室内某一固定的主要照明光源，如吊灯、台灯、煤油灯、烛光和月光等。确立主光源后，无论人物怎样改变活动位置和方向，对人物的光线处理均不能违背"人脸对主光则顺，背主光则逆，斜对主光则侧"的自然规律。

拍摄室内日景，要根据门窗的位置来确立主光源的方位，布光时要根据人物距门窗的远近和构成的角度来确立照射人物和被摄体的光线的强弱。电视剧布光对人物脸部造型有一定的明暗效果，其规律为：近靠门窗则亮，远离门窗则暗，面向门窗则亮，背向门窗则暗。这也是根据写实艺术的自然生活规律而形成的布光技法。

室外夜景照明，有月光照明，也有灯光照明。在灯光中，又分路灯、车灯或从建筑物内投射出的灯光。在处理这些灯光时，要考虑到不同光源的方向、特征和色温的变化。总之，无论是拍摄室内夜景，还是拍摄室外夜景，都要依赖人工进行布光照明。拍摄人物近景时，人脸的照度也离不开人工

照明,但必须严格控制光比和明暗分布。

夜景布光一般原则:夜景的光比要大,暗部的范围要广,人脸的亮度视光源远近定明暗。

夜景布光观点:一、夜景气氛一定要浓;二、人脸曝光一定要足(除特殊光效外,人脸肤色要正常);三、光源的色调一定要显(视光源特征而定);四、主光源方向一定要准;五、月光光斑一定要明;六、明暗反差一定要大;七、暗区光位一定要多;八、允许多种光源出现,但必须根据场景调度和构图来设计光源;九、主光源确定后,一切人物方位都要以主光源方位为照明主轴。

第四节　假设光是灯光构图的源泉

假设光是第二个造型光。在造型上,假设光有时被用于设计照明光线构图,比首席主光还重要,因为它具有灵活性、可塑性和创意性。

假设光,是在电视剧拍摄中对某场景进行布光时,人为设计创作的一种临时添加的光线。假设光的使用,实际上是照明师素质与境界的体现,它包含照明师在设计光线和体验过程之前的假设。艺术创作中的自然发展与自然表现才是真实的东西,是艺术的本质。如果完全按预先的创作设想来进行一场戏的光线布局,而不是审时度势,见机行事,这样的创作质量肯定不会高。因为,它抽离了创作中的中介存在,同时也否定了主体和客体的辩证关系。也就是说,缺乏主体和客体的体验过程。

假设光是一种抽象光线。说它有,事实上它并不存在于拍摄现场;说它没有,由于照明光线的构图需要和人物位置的照度需要,又必须有光投射不可。否则,无法拍摄出令人满意的电视画面图像。当遇到这种情况时,你必须找出合情合理的理由,在需要的角度区域设计一道光源,假设这里本来就有光或者这道光是从其他建筑物方向投射过来的。合理地设计假设光,对营造画面灯光构图十分重要,这种光线用之不竭,取之不尽。在电视剧布光艺术中，合理地巧用假设光是创造电视剧照明语言灵魂的重要手段。用得好，不但解决了电视剧布光中的难题，而且对照明师的创作思路与灵感很有启发作用。

通过多年的照明实践与研究，我最值得自豪的就是，掌握了照明视觉心理学方面的诸多原理，它们被存储在我的脑子里，可以无穷开发，任意变化。在创造假设光时，只有明白如何去把握视觉心理学的灵性，你才会有联想与想象，你才会萌发隐喻与象征，你才会运用对比与相似手段，你才会有目的地去设计假设中的意境光、暗示光、造型光、引导光。

假设光，我又称它为写实艺术布光中的“救场光”、“灵魂光”。当今电视剧拍摄中，绝大多数摄制组选择实景拍摄，实景拍摄投资少，见效快。实景的面积、环境、设施、可参考光源等都给照明设计带来诸多不便，有的实景光演员、导演、摄像机和摄像师就占满了空间，根本无法设置灯光的位置，这时候，假设光就要起到救场的作用，假设某一墙壁上有一盏壁灯、假定窗外有一盏路灯、假定某角落有地灯、假设隔壁房间有射过来的光线，等等，都可以巧妙地通过直射、反射，合理地完成场景照明光线的布光。

假设光的运用，在布光中若碰到疑难杂症，只要有可能，就要为光线投入寻找借口，为了令观众信服，必须采用一系列合理的巧妙技法。只要你运用的假设光是在情理之中，观众总是愿意以姑妄信之的态度来帮助你。

第五节　布光艺术是遮挡艺术

影视艺术的布光，不管何种类型的节目都要遮挡，首先从灯具的制作上就不难看出遮挡的重要性。影视剧使用的聚光灯有四片叶子板，就是为遮光之用。聚光灯虽有遮光板，但在影视剧的布光中是远远不够的。因影视剧对光的要求极为细腻，布光时好比画家在绘画一样，哪里该提亮，哪里该压暗，都必须精心地设计与构想，**所以我把布光艺术称为遮挡艺术。**

遮挡艺术能体现照明师对画面构图与画面艺术氛围的审美修养，它包含照明师敏锐的观察力、对剧情的理解力、对大千世界万物万事态势的洞察力。画面的形成就是光影的形成，而光影中的人和物又需要光影为其造型。明白了这个原理，你对布光是遮挡艺术就无可置疑了。事实上，我们每个人在生活中，天天都在重复着遮挡艺术。就拿我们每天早晨起床来说，首先要用衣服把身体遮挡起来，然后才能出门。服装除有遮体、保暖功能外，还有装饰美化作用。如，年轻美貌的女子对服装非常讲究，但仍旧有的部位遮挡有的部位不遮挡，那是为什么呢？因为有些部位遮挡住就失去女性应有的魅力。也就是说，该遮挡的部位必须遮挡，不该遮挡的地方遮挡住影响美观。反观电视画面布光的遮挡艺术，不就是同一个道理吗？通过服装美学，分析布光遮挡艺术，或许你能悟出遮挡艺术的真谛。

追溯到猿人时代，人类最早是不穿衣服的，后来逐渐发展到用树叶遮挡身体。谈这个，无非是让大家明白遮挡艺术的原理。要知道，一切艺术都来自自然生活规律，任何艺术若违背自然生活规律，是绝对没有生命力的。布光的遮挡艺术正是如此。

著名科学家钱学森曾经说过："科学技术的发展为文艺的表达提供了各式各样的工具，没有电影技术，就没有电影艺术；没有照相技术，就没有摄影艺术；没有现代电子技术的发展，也就没有作为文艺的一种表达工具的电视。"我在这里加上一句："没有照明技术，就没有布光遮挡艺术。"

社会在前进，人类文明在前进，人们对美学艺术的欣赏水平在提高，对于家喻户晓的当代大众传媒艺术——影视剧来说，毫无艺术魅力的画面是不会被大众所接受的。所以，我们在为电视剧布光时，必须精心设计、认真布光、严格遮挡，让照明光线表述各种视觉语言，营造浓郁的感情色彩，引发光影联想。**我认为："美人没有对比显不出靓丽，明亮的光线有暗部陪伴才更显立意！"**

第六节 同一场景画面的光线衔接

电视剧照明，重视全景气氛的把握固然重要，但除此之外，每个镜头画面之间光线的衔接，也是我们照明师必须好好把握的关键问题。一个有经验的照明师，在设计布光时要考虑到镜头的剪辑效果，千万不能随心所欲，脑海里要有整部片子连续衔接的观念，否则，其他方面做得再好，你的设计仍会是一个失败的照明设计。那么又该如何把握同一场景画面的光线衔接呢？

一、主光方向要统一

拍摄电视剧同一场景时，顺角度拍摄的所有镜头，无论是全景、中景、近景、特写，其主光方向都必须是一致的，不能有时左时右的现象。否则，就会造成视觉效果的不衔接，违背了主光不可随意变更的原则。若主光方向不一致，画面衔接起来就会产生跳跃。因此，在拍摄前进行照明设计时要考虑周密。一旦开拍，必须坚持以既定的光源方向作为主光方向，并且在同一场景的拍摄中贯彻始终。如遇到反打、侧打镜头或要借地位进行拍摄时，也要以原定主光源方向为依据。

二、光线亮度要统一

同一景区拍摄的镜头，亮度效果要一致。特别是中景和特写，若亮度不一致，两个镜头组接在一起，就会产生一暗一亮的跳动。为了避免这种情况，解决的办法有：适当降低近景、特写镜头的亮度，柔化光线，柔化人物脸部的明暗层次。这三者可配合起来使用，但其中降低亮度是主要的。

降低多少，要根据镜头与人物间的不同距离，以及亮部占画面的不同比例来决定。

三、照明光比要统一

同一景物，主光与副光的比例（即光比）的变化，直接影响着画面的影调。光比大，调子硬；光比小，调子软。因此，在同一场景里，拍摄相同背景前的人物的不同镜头，其光比基本上统一，才能获得各种镜头间统一的影调。如果前者调子硬，后者调子软，两个镜头连接起来就会产生感觉上的跳跃。同一人物，也会产生两种不同的形象效果。因此，拍摄在同一场景中表演的人物，在照明条件不变的情况下，光比应基本是统一的。

四、光线分布要统一

光线分布，也就是不同明暗影调在画面里的分布情况。不同的光线分布，产生不同的光线效果和光线气氛。在同一布景里，日景有日景的光线分布情况，夜景有夜景的光线分布情况。剧情规定了照明条件发生变化，其光线分布也应随之而变化。但同一场景的不同镜头，在照明条件不变的情况下，其环境的光线分布应大体上是统一的。也就是说，在镜头变换时由于画面构图的需要或其他原因，对局部的光线进行调整是允许的，但从总体来说，光线分布应是统一的，这样才能保持特定的光线效果和光线气氛的统一。

五、逆光轮廓要统一

在人物背靠主光源时，一定要重视主要人物的轮廓光造型。人物的轮廓光，虽占画面的比例很少，但当轮廓光出现的时机到来时，应抓住机会把主要人物突出出来，增强人物与人物间的层次感。轮廓光运用得好，不但能拉开人物与背景的距离，而且能给镜头画面增色不少，其作用是不可低估的。摄影照明人员，在进行光线设计时，不可忽略轮廓光的存在。在拍摄时，不能出现前一镜头有轮廓光，后一镜头没有的现象；也不能出现前一镜头的轮廓光强，后一镜头的轮廓光弱等现象。这也是造成光线不能衔接的一个原因。

六、背景亮度要统一

所有造型艺术家都非常重视背景的作用，雕塑、绘画、建筑等艺术都很在乎背景对主体的烘托。黑格尔在《美学》中说："艺术家不应该先把雕刻作品完全雕好，然后再考虑把它摆在什么地方，而是在构思时就要联系到一定的外在世界和它的空间形式及地方部位。"

同样，照明光线对背景的影响是至关重要的，背景关乎电视画面之成败。同一场戏，在相同角度拍摄的不同镜头，其背景的阶调浓淡不一，或明暗分布发生了变化，就会使观众产生环境改变了的错觉。所以，背景的亮度应始终如一。如果镜头与背景的距离发生了显著的变化，也应适当调整其亮度，以保持背景光亮度统一。

第七节　人物近景、特写的用光技法

电视剧用光："全景显真实，近景显神态；天时分四季，日月有早晚"。全景真实环境的气氛一定要真、浓、实。近景只要主光准确，方向统一，亮度不必延续全景的亮度。

一、主光方位要合理

细心的人往往会在电视剧中看到，人物近景、特写明显地体现出主光的方向感。有经验的照明师在为人物设计近景或特写光线时，**人脸明显表现出照明主轴**。如，对立面的两个人物，一个人右脸亮，另一个人的左脸必须是亮的，否则，主光轴就是错误的。人物近景、特写的主光方位，在同一场景中，前后镜头大方向要相统一。为了修饰脸部的造型，有时，灯位前后左右略有移动或变换灯具，这是允许的，但大的方向不能改变，更不能超出**拍摄主轴与照明主轴相交夹角的照射角范围**。照射角范围内均属合理主光方位、方向。

二、辅助光要有依据

拍摄远景或全景，比较注重光线气氛的表达，对人物光只作粗线条的勾画。有这样一句话："**远取势，近取神。**"拍摄近景和特写，实际上就是把人物推到观众的面前，这时观众要看演员的"**神似**"。所以，在光线设计上，就要作细致的修饰，往往需加用一些辅助光和修饰光等。对这些光的使用，必须在剧情规定的环境中找到一定的依据，如墙面、天花板的反射光，隔壁房间投射的光，等等。

三、人脸亮度要衔接

在剧情规定的光线气氛不变的情况下，近景、特写镜头的脸部亮度，应与前面镜头相衔接。防止出现人脸忽亮忽暗的反常现象。如果在镜头的转换中，人物的位置有了变动（由亮处走向暗处），那么照明条件应随现场实际照明光线的条件变化而变化，这时的亮度则另当别论。

四、画面影调要协调

由全、中景转到近景、特写，画面的影调（或色调）有时有所变化。随着人物在全景中所处的位置不同而不同，近靠光源则变亮，远离光源则变暗。

在设计光线时，要特别细心勾画。比如：环境是室内夜景，人物坐在桌旁，被台灯照亮。若由全景转为近景、特写时，画面的影调会由暗变亮。如人物坐在炉火旁，画面的色调也会由冷色变为暖色。但无论怎样变化，布光时都应考虑前、后镜头间影调（或色调）的衔接和协调。除特殊要求外，应避免出现调子跳跃的现象。出现这种情况，不仅不符合自然生活规律，也不符合人们的视觉习惯。

五、光的比率要适当

拍摄人物的近景和特写，要掌握好主光和副光的比例，以形成适当的阶调间隔。光比的大小要视剧情的要求、人物的情绪和特定的环境而定。夜景的光比，一般要比日景的光比大。

六、营造光影要干净

光线投射在人脸上形成的光影要干净、利落，切忌杂乱。一般情况下，阴影只能投向脸部的一侧。要防止出现鼻子、嘴唇的投影左右开花的现象。

七、人脸肤色求质感

人物的近景和特写镜头，对脸部皮肤的表现十分重要。一般情况下（剪影或其他特殊效果除外），无论亮部还是暗部，都应把皮肤的质感表现出来，防止出现白板一块，或漆黑一团。我的观点是，无论是夜景还是日景，人物近景、特写的脸部都应处于正常状态，就算是在月光下，没有其他光源的照射时，也应用白光在人物脸上冲一下，使其处于正常状态。在布光时必须处理好主、副光的平衡和正确曝光等问题。

八、眼睛表现要有神

对眼睛的表现，是拍摄人物近景、特写极为重要的环节。如果拍摄一位人物近景或特写，他（她）的双眼黯然无神，无论化妆和其他的造型处理多么出色，也算不得一个好的镜头。如何表现眼神的问题，我将在下节专门论述。

九、简化背景，突出主题

拍摄人物的近景和特写，除对人物光线要精心处理外，对背景光也不能忽视。背景光要起到烘托人物的作用，因而要力求简洁，切忌烦琐。如果现场背景较乱，可以用借地位的方法拍摄，只是千万不要越轴和错轴，大方向保持一致即可。而且近景、特写拍摄，本身就看不到背景，所以，可以忽略背景的存在。有时可对人物背景后边的光线进行遮挡，以突出人物为布光前提。

第八节 眼神光的布光技艺

常言道："眼睛能传神"，"眼睛是心灵的窗户"。电视剧在拍摄人物近景时，人物的眼神光是非常重要的。因此，照明师要有一双敏锐的眼睛，对人像五官要有一定的研究，要学会绘画和化妆的技法，绘画、化妆和照明艺术的原理是相通的。我在学照明时，师父经常对我说："我们搞照明的，整天不就是摆弄人的脸吗？你连人脸上的零件组合都搞不清楚，你又怎样对其进行光线造型呢？"怪不得师傅经常说的一句话就是："你的眼睛呢？"开始我还怪师父保守，后来终于明白师父的用意了，他是让我们多动脑子。

对任何事和物要去"悟"，只有自己悟出的道理，才是你自己真正的知识财富。悟出的道理是活的，可以举一反三，可以灵活延伸，也是创新和提

高的“灵丹妙药”。

在布光时，对不同形态的眼睛，我们又要选择不同的灯具，采用不同的光线，设置不同角度的光位，进行特殊光线的处理。所以，我们要对不同对象的眼睛作认真的观察、分析，才能用光贴切，才能获得较好的效果。有时，拍摄人物近景或特写时，甚至要根据眼睛来定主光的方向、方位。

一、眼睛光线处理的三种方法

（一）用主光刻画眼睛

拍摄人像，在确定主光方位和角度时，就应考虑到对他们眼睛的表现。一般来说，采用这种方法，效果较自然。因为，它避免了不少的投影，从而避免影响人物的脸部形象，而且在布光上也较简便。

（二）用副光刻画眼睛

电视剧场景场面大，人物位置调度频繁，有时主光方位并不适合于表现眼神光。这时，就要充分利用人物的辅助光来刻画眼神光。此辅助光要和摄像机同轴，而且要根据人物表演情绪和眼神的走向，确立副光的高低和角度，这样的眼神光才会有内涵。

（三）用专灯刻画眼睛

有时主、副光都不适合表现眼睛，这就需要专门布光。这种光线起两种作用：一是对眼睛的修饰，二是打出眼珠上的光斑。但要注意，这种光线不宜太亮，以防影响主光和副光。此外，也要尽可能做到自然，防止留下过分的人为痕迹。

我在拍电视剧时，一般都要特意带上一到两盏150W小功率的聚光灯，专为打眼神光用。另外还会准备一个四节的手电筒，一来照明组收场时可用其照明，二来也可营造眼神光。因为，人的眼球是一个水晶体，只要照射角度合适，水晶体给点光就会发亮。

二、眼神光的处理技法

眼睛的光斑，是在光线的照射下，由晶体的镜面反射而产生的。眼睛有光斑才显得眼中有神，精神振作，思想集中；眼睛无光斑，就显得目中无光，疲惫不堪，思想涣散。因而，对光斑的处理，是塑造人物形象的一个重要方面。

1. 对光斑的处理，要根据剧情内容、人物的精神状态和动作表情，来确定其位置和形状：**或正或偏，或大或小，或明或暗，或强或弱。**

2. 对光斑的处理，也要考虑光源方向的统一性。如，主光方位较高，光斑不能显现，往往要借助于别的照明器具(反光板、灯光、手电筒等)。如果你使用照明器具时不注意主光的方向和方位，就会与主光的方向不相统一，那么，你布出的光就会失去写实光源的合理性。因此，在使用时，要注意调整照明器具的位置，使照明器具高于人物的眉眼方可达到合理统一。

3. 充分利用主光表现眼神光，主光无法表现时再用副光。副光不如主光表现有力，因副光大多数是散射光，光斑太大，眼神光不甚理想，只有主副光都不能表现光斑时，才用专门的照明器具。使用时注意调整光斑的大小。总之，要灵活掌握。

4. 对眼神光斑的处理，也要根据光源的不同性质和强弱程度进行。比如，日光、月光和灯光造成光斑的效果就有所不同，有明暗强弱之分。但有时也出现矛盾状况。月夜的人物，其精神焕发；强烈阳光下的人物，正在索肠苦思。前者要在低调的画面中表现亮的光斑，后者要在亮调的画面中表现较暗的光斑。这时，应根据剧情的要求，遮住主光，对光斑作特殊处理。

5. 光斑的处理，同人物的视线有关。仰视和俯视，正视和斜视，都牵制着光位的变化。一般情况下仰视可借助于主光；俯视则主副光都用不上，要另用照明光来处理光斑。

6. 最理想的光斑表现为一个不大的光点。光斑多，神则散；光斑大，神则失。

这种情况会破坏人物的特定情绪。有时主副光在人物眼里出现两个光点，凡遇到这种情况必须采取措施，或挪动灯位，或用遮光板遮挡反射到眼睛里的光点。要尽力避免出现光斑多、杂的现象(见下页图)。

7. 避免将光斑处理在眼球晶体的中心，这样会显得呆板无力，使眼睛失去传神的作用。这种情况，往往是由于把打眼神光的灯具与被摄对象眼睛置于同等高度所致。这是为光斑而光斑，达不到眼睛传神的效果。

8. 光斑处理要尽力做到二要四忌。

所谓二要：一要符合剧情内容，二要足以表达人物特定的精神状态。

所谓四忌：一忌大，二忌中，三忌杂，四忌为光斑而光斑。

第九节　电视剧场景一次性布光法

随着社会主义市场经济体制不断完善，电视艺术也不可避免地进入了市场，特别是电视剧，更是所有电视节目类型中市场化程度最高的艺术作品。无论是投资者还是参与者，没有一个人愿意赔钱赚吆喝，这里面蕴含着复杂而充满玄机的价值观问题。投资商的心态总是想赚一些利润，最起码要保本，不要亏本。对于投资方来说，仅收回投资是远远不够的，他们还要追求更高的利润回报。由此可见，凡是有经济头脑的投资商在选择制片人、编剧、导演时都是比较慎重和挑剔的。制片人在组织创作班子时更是精挑细选。当然，制片人除对投资商负责外，还要对自己负责，更要对全体演职人员负责。若电视剧拍砸了，或因某个部门技术不精拖延拍摄进度，造成经济损失或耽误了演职人员其他片约的档期，将是一件不愉快的事件。

因此，改革拍摄技巧，提高拍摄效率，降低前期制作成本，是当前电视剧拍摄的走向，也是当前快节奏社会与市场经济的需要。这就给电视剧照明提出了一个新的课题。

形势逼人，现代化快节奏逼人！我们照明人员必须掌握高超的过硬本领，来适应新形势下社会大环境的需要。再像过去那样拍一个镜头布一次光，已跟不上现代电视剧的拍摄节奏需求。因此，必须掌握新的布光技法，满足新形势需要。

本人通过多年对电视剧和综艺晚会的布光实践，根据地面与吊挂灯光的特点，取长补短，综合利用，创立了“**电视剧场景一次性布光法**”。其主要布光理念是：一个场景的主要照明光线一次性完成（对实景和棚内搭景而言）。无论场景中用一台摄像机还是多台摄像机拍摄，均不会出现灯具穿帮和照明光线不统一的现象，而且大大加快拍摄进度，节约电视剧制作成本。

一、前期的准备工作

1．熟读剧本，分析剧情，分析每个场景的演员调度范围与行动路线。案头工作一定要细。在反复研究分析剧本的过程中，心中对各场景基本要有一个环境感和预想布光技法。只有这样，你在做前期准备时才会有目的。

如：选择什么型号的灯具，各种型号灯具的功率、台数，组合吊杆、撑杆数量和灯具悬挂附件，遮光板系列和反光板系列，在空中吊挂时的形状与升降附件等。案头工作越细，到了现场一次性布光就完成得越充分。

2．确定照明组人员的组成。照明设计师统筹、指挥照明设计与布光。照明助理若干（人数根据实际拍摄要求和剧中场景性质定）。选择两名专业安装人员和一名制景人员。安装人员要懂吊装，特别是在实景拍摄中，有的允许在房梁、墙壁上安装吊挂固定件，有的不允许（如宾馆、古建筑等场所)。遇到这种情况,就需要安装工、制景工根据照明师所设计的布光方位设法进行安装,确保拍摄进程顺畅。这三个人的组合还有一个优点:当剧组拍外景时或一个场景照明光线布光完成后,他们三人可根据照明师的设计方案,去准备下一场景的吊挂基础安装,这样可加快拍摄进程。

在这里我要加一句:敬请有关掌权的人们,要更新观念,千万别亏待照明组人员,他们是最辛苦的人。在灯光配备上,也要尽量满足照明组的要求。常言道:"巧妇难为无米之炊",若设备不全,是很难完成拍摄任务的。正如中国传媒大学任金洲老师在《电视摄像》一书中所说:"在电视画面的诸种造型元素中,光线是第一位的元素。之所以这样说,不仅是因为光线是电视画面造型艺术的基础,而且光线还具有其他造型手段无法替代的造型作用和艺术表现力。"

一次性布光法,除人员配备要充足外,照明设备也要有余。因为,当一个场景布光妥当后,拍摄现场有两三个人(包括照明设计师)足矣,其余人员可以准备下一场景的布光,如若照明设备不富裕,等上一场景拍摄好,再拆卸、再转场、再到下一场景安装,势必整个剧组都要停工待拍。最起码基础灯光设施要有富裕,以便连续布光。

3. 照明组人员必须深入实地现场勘察,除和导演、摄像、美工等创作人员共同采景外,照明师还需带领照明组全体成员进行单独采景。照明组现场办公,明确拍摄总角度、演区范围、演员调度与地位。照明设计师要在现场画出灯光方位草图(注明景号),确立主光源与辅助光、修饰光位置,吊挂的方位与线路隐蔽走向以及供电容量和路线距离(有条件的剧组最好自带发电机)等。所有场景勘察完后,照明师要根据剧本要求,针对在各个实景中发现的问题,设计出详细的照明方案,经与导演、美工、摄像反复磋商后,根据方案开展准备工作。列出准备方案所需灯光设备明细单,提交制片主任批复。注意,必需的设备必须满足,否则无法完成照明任务。除向制片主任提交设备明细单外,有关现场需要和场地主人协商的事宜,也一并提出。有关外联事务要请制片部门事先解决,防止拍摄时发生意想不到的事件。

4．布光前，多与导演、美工沟通，对全景照明光线的气氛、调子、光影造型达成共识。并让摄像师提供总角度画面，确立主光方向和其他灯光的吊挂区域与高度。

5．灯位确立后，给助手们分工，让全组都动起来，以最快速度完成布光。

二、布光技法的实施

一次性布光法，主要是吊挂。将地面灯具的三脚架去掉，采用演播室悬吊方法。在摄像机右边同轴方向设流动副光，场景顶部设底子光，门窗方向设强主光，和空中悬挂的反射光、辅助光及多种类型的挡光板、透光布，形成场景一次性布光法。具体布光如下：

1．选择好最佳位置，用组合撑杆在两面墙壁上搭好支架，用吊挂附件把所需灯具吊妥，灯具尾线可顺吊杆固定，延至不被暴露处进电源开关箱。

若墙面无法实施撑杆搭建，可由安装、制景人员设法在顶部安装固定件进行挂灯。因实景建筑各异，很难一一说明，只能根据现场实际情况具体对待。但人是灵活的，办法总是可想的。本书在这儿只是提供给大家一个方法和技法理念。比如，什么招都不行，但这个场景镜头又很多，用一次性布光法确实能提高拍摄效率，为剧组节省许多费用。类似这种情况，我建议可在实景墙壁上或顶面上进行补偿性的安装（征得主人和制片主任同意，古建筑除外）。

2．一次性布光法有三个灯位是最关键的：一、主光源灯位（设在窗外或门外隐蔽处）；二、底子光灯位（设在人物表演区顶部）；三、副光源灯位（设在摄像机右侧，与摄像机同轴方向）。我把这三种光定义为“**一次性布光法照明骨架**”。实践验证，这三种光在一个场景中只要位置确立准确，则此场景的照明光线骨架就基本形成。剩下的不足之处，就是修修补补、遮遮挡挡而已。值得注意的是，三**个光源灯位是一次性布光法的基本布光法，而修修补补、遮遮挡挡是在基本布光法的基础上进行的修饰布光法**。基本布光法是场景照明光线的轮廓骨架，而修补遮挡却是照明技法的细微处与升华。它是照明师对构图的审美体验的结晶，也考验照明师对自然生活规律的理解，还考验他们对自然光线和现有光线投射在室内外环境后，事物所呈现出的各种态势的观察能力。因此，只有具备丰富的生活阅历与布光实践经验，才能施展高超的场景布光技法。

3．主光源是一个场景中最主要的光源。特别是电视剧场景的日景拍摄，主光源照度是最强的，光线是最明显的。其他任何光线照度都不许超过主光源。除主光源是直射光外，其他光源均视为反射、折射或散射光。

夜景主光源是根据剧情与演区方位需要设定的。可选择室内现有光或在演区最佳方位处设定假设光光源为主光源。主光源一旦设定，其他光源均按构图和人物调度需要设计为补助光光源。夜景补助光与日景补助光之间有根本上的区别。日景自然光是以太阳为光源的光线，太阳光只能来自门窗的一个方向。夜景室内光源却是多种各异光源，特别是现代室内装潢，除客厅设一盏吊灯外，可能还会有壁灯、地灯，卧室还有台灯、柜灯等，窗外还要有月光照明。因此，在设计室内夜景照明时，必须根据拍摄环境来确立主光源的性能与光源光影的形状。但无论是在客厅还是在卧室，都要根据人物距离光源的远近和近亮远暗的原则进行布光，并在对人物造型与画面构图有利的前提下，来确立主光源的位置与方向。主光源一旦确立，其他光源均视为补助、点射、效果、月光光源，其亮度都不能超过主光源。为了满足电视画面构图需要，还应允许合理的假设光出现在场景画面中。

4．对一次性布光法照明骨架三大光源中的主光源、底子光源我想大家容易理解，应该一点就破，但是大家对副光源光位设在摄像机旁可能有点模糊，需要阐述一下。

(1) 副光源（辅助光）设在摄像机右边，是因为摄像师在左边操作。

(2) 副光源灯具需选一名反应灵敏、责任心强的照明助手专职负责，形影不离。

(3) 副光源和摄像机需要在同轴方向定位、移动。当摄像机机位移动时，照明助手要密切关注摄像机的速度与起停节奏，无论摄像机变换何种方向与角度，副光源要始终与之保持同轴方向，即使在移动轨道车上，此灯也要跟踪运行。

(4) 副光源灯具一般采用 1KW 聚光灯，并在灯具前加柔光纱或 2 号柔光纸，从而使其形成低照度与漫反射光线。另外，副光源可调节人物光比，补助摄像机方向的主光源照射不足，和谐人物脸部的层次感，有时还可以作为眼神光照明。

(5) 有人可能会提出，既然是一次性布光，副光源放在摄像机旁，难道不怕穿帮吗？我的回答是，只要副光源和摄像机始终保持同轴方向，此光源就不会穿帮。即使是双机拍摄，摄像机彼此也不会进入画面，副光源当然更不会进入画面。

(6) 有位学生提出，副光源在移动时会不会有光影移动的感觉？我说不会。为什么呢？因为，副光源照度很低，在强主光和其他诸多光源的照射下，偌大的场景画面中，此光光线根本微不足道，早已被其他光线化解和掩盖。根本不会有任何光影移动的迹象。

三、补光与遮挡技法

补光与遮挡，是场景一次性布光法中最重要、最细腻的技法；**是照明心理与照明语言联想的主要构建手段**。因此，在布光中，对补光与遮光板的吊挂和选位尤为重要。

电视剧场景布光的遮挡艺术，堪称绘画大师初步完成一幅佳作后的明暗修补。因此，在一次性布光法中，作为一种照明技巧，遮光板的应用值得我们照明人员仔细考察一下，因为它是一种获得精品画面最基本的工具。那么遮挡的依据又是什么呢？我们可以从下列许多方面来应用遮挡技法：

为了把光线限定于特定的表演区。

为了照明特定的部位（演员、家具或布景）。

为了照明人物而使附近的墙壁不受光或处于阴影之中。

为了照明墙壁（布景）而使附近的人物不受光。

为了遮去不需要的投影，如布景、人物、道具灯等所造成的不美观的阴影。

为了产生语言化的孤立光斑。

为了造成气氛上的光条（例如照在墙上的一道阳光）。

为了造成阴影区，形成明暗反差。

为了避免相邻灯光光线的重叠。

为了限制白色物体表面上的照明，防止受光过多。

为了防止逆光照明光线造成镜头冲光与眩光。

1．当你把三大骨架光源设定后，照明师要站在总角度（摄像机位置）认真观察场内照明效果，找出需要补光的准确位置，进行灯光吊挂。而后，把全场所有照明灯打开，照明师再站到总角度观察场内照明效果，确立需要遮挡的位置与方位，吊挂不同形状的遮光板，遮挡多余和重叠的光线。使画面明暗反差衔接谐调，影调层次丰富，场景环境光线真实可信。

2．使用吊挂灯具和遮光板时，除了要在准确位置将其固定外，还应在位置下方设置两只平行的、可左右移动的滑轮，滑轮上穿细钢丝，再把灯具和遮光板固定牢（钢丝要有上下伸缩余量）。为了补光和遮光准确，滑轮和钢丝必须左右上下可调，以达到最佳光效与理想的遮挡效果。

3．以上所有悬吊装置附件，照明师在前期准备时必须考虑周全。比如，滑轮为啥要用两只？如若用一只滑轮，灯具和遮光板容易打转，难以定位，影响光位与遮挡准确度。使用两只滑轮，能够上下左右移动，可以灵活地找准照射方位与遮光点。

4．为提高布光效率，铝合金双梯最少准备三只，调动全组分工行动，各负其责。安装时，照明师在下面统一指挥，确保牢固安全。同时让摄像师打开摄像机设定全景画面，除底子光在顶部固定外，其他悬挂灯具以不穿帮为最低极限。当然，主要根据场景光线需求来定灯具与遮光板高低。

5．整场景全部照明光线设计布光完成后，照明师再次站到摄像机总角度仔细观察照明效果。同时会同摄像师设定光圈，照明师再仔细分析监视器中的图像，如有瑕疵或不满意的地方，立刻修改。照明师认为满意后，请导演、美工师一起对画面光线构图进行确认。若创作班子无异议，照明组人员迅速按事先分工,各就各位,通知导演实施拍摄。

在拍摄过程中,照明师随时观察监视器中的画面光线变化,如有不妥,立刻请求导演停拍并说明缘由,待光线调整后再重新拍摄。总之,对照明光线的布光设计要一丝不苟,精益求精。

6. 为不耽误拍摄时间,在拍摄现场留少数照明人员即可。其他人员可由照明大助带领,迅速赶往下一场景,并根据照明师的设计方案,进行布光吊挂,以确保拍摄进程。

第十节 电视剧特殊照明效果与气氛

效果光是电影、电视剧照明艺术中用来营造特殊光线效果的特效光。根据电视剧剧情需要,有时在剧本每个场景中,导演对效果光都有特殊要求和明显的提示。这就要求照明师不仅要对照明的效果与气氛有足够的认识,还要具备相应的创作能力,不然,就很难完成电视剧的照明任务。

一、效果光

效果光在电视剧中用得比较多,下面介绍几例供大家参考:

(一) 月亮倒影

我在拍摄电视剧《饯行酒》时,有场戏是男主人公在河边钓鱼。剧本中提示,在钓鱼竿下方要有月亮倒影。大家知道,月亮可不会听你调遣。要想特殊效果出现在画面最佳构图中,非人为制造不可。

具体做法如下:选一个圆形路灯灯罩,用细软电线连接一只60W白炽灯泡,因月亮看上去是冷色,故用雷登82A色温纸将白炽灯泡包严,使其提升到冷色调,然后将其放入灯罩内。为使月亮倒影能自如准确地投射到被拍摄画面的指定位置,把一双筷子截成大于灯罩口的尺寸,扎成十字形,将筷子用一根细绳绑在一根长竹竿上，再用筷子卡住灯罩颈口，白炽灯泡所连接电线顺竹竿绑扎。通电后，将竹竿伸入湖内。一个亮晶晶的月亮倒影就出现在水中了。

（二）月亮当空

有时电视画面需要月亮当空照的镜头。大家知道，拍摄真的月亮由于照度问题，有时并不理想。使用资料镜头又有版权限制，况且月亮的大小、构图位置、亮度、画面质量等未必适合剧中的要求。遇到这种情况，照明师就要根据剧情要求，单独制作月亮。

制作空中月亮，要根据所需月亮大小，选择 2KW 或 1KW 的聚光灯。为使假月亮达到冷色调，在聚光灯前蒙一层雷登 82A 色温纸。看到这里有人不禁会想，何必这么费事呢？直接用镝灯不更省事吗？这个我也试验过，小功率镝灯光斑太小，大功率镝灯均外带一个比灯还重的整流器，若架在很高的空中，既费工夫又不安全，所以建议还是用聚光灯较好。

具体做法如下：将 2KW 聚光灯绑在一棵高一点的树杈上，去掉聚光灯上的遮扉，地面上摄像机将画面构图调成所需画面，美工师或照明师在地面指挥树上的照明人员，让其调整聚光灯角度来迎合画面构图。灯体尽量用树叶掩蔽，聚光灯电缆尾线顺树干背面沿树身用黑绑扎线归位，至地面连接电源即可。因聚光灯灯体是黑颜色的，加上是在黑夜，从远处拍摄只能看到类似月亮的亮斑，灯体本身在镜头里是不会显影的。因此，在电视画面里的月亮是比较逼真的。

（三）台灯光斑

台灯效果光在影视剧中使用较多，该光最麻烦的就是台灯罩圆形光斑，有时要用黑卡纸折腾半天，结果投射出来的光斑还是不够理想。怎样才能又快又好呢？具体做法如下：

1. 用黑铁皮分别按 2KW/1KW 聚光灯做两个套筒（漏斗形挡光筒），做成圆柱或圆锥体，安装在灯光前面，使光束局限为一个固定的光斑，其面积决定于灯光距离和圆筒的相对尺寸。制作时要注意和灯头吻合，且不要漏光。

2．套筒因用黑铁皮制作，投影边缘过于一刀切，显得生硬虚假，人为痕迹太重，最好在圆筒头部加上一层较薄的柔光纱或柔光纸，使模仿光斑处于模糊光影状态，投射出的光影接近于真实台灯的光斑。

3．台灯光斑不宜过亮，可根据具体情况，选择2KW或1KW的聚光灯。投影时注意台灯的角度和人物的方位，布光时严格遮挡，防止台灯灯体出现倒影。

（四）阴影模板

用不透明或半透明材料制作各种形状的模板，如各种形状的小窗格（与场景窗户同型）等。因主光源绝大部分均来自于窗户方向，有时受环境的面积与距离的限制，灯具投射在实景窗格上不一定能达到理想的效果，不是投影过大就是模糊不清。遇到这种问题，可使用阴影模板加以解决。

阴影模板除参与构图和可避免被摄背景墙面上平板一块外，其最大优点是，可使整片强烈的主光源形成光条和光斑，增加了拍摄场景的明暗对比效果，从而让观众看后觉得更加真实可信。

二、气氛光

光不仅可以搞出各种效果，还可以根据需要搞出不同的气氛。如电闪雷鸣中的闪电，就是照明师用大功率的镝灯，通过两块金属挡光板巧妙的快速遮挡，产生的强烈闪电效果。

就光电气氛而言，它来自剧情所规定的情景。拍摄前导演对电视剧中每一场景的气氛都要进行详尽阐述，同时剧本中也有提示。如表示日景还是夜景，是早晨还是黄昏，是朝霞还是晚霞，等等。下面咱们以夜景气氛为例加以介绍。

（一）月夜

电视剧“外景月光”以逆光为主，勾画出主体的外缘轮廓，同时从正面或侧面用低强度的软光为辅助光。背景有选择地照明，大片的东西尽可能处于黑暗状态。天空是阴暗的，或者用黯淡的灯光照明。只要可能，光线都要分散成光条和光斑。如果画面中有暖色光(如橙黄色光)从附近建筑物照射过来，月光的清冷就得到了突出。

月光光影和日景不同之处，在于月光光影比较清晰，暗影部反差大。日景有天光互相反射，故日光光影不是死黑，明暗反差小，光比也小。而月夜天空和景物无反射光，因此，光影反差大，光比也大。

鉴于月光光线质量比较特殊，我们在拍摄电视剧月夜时，要注意以下问题：

1. 月光光线用蓝色灯光纸加在 3200K 聚光灯前是不可取的，根据原色光透光规律，蓝色灯光纸会限制红绿光的透射，而造成画面晦暗，用雷登 82A 色温纸或镝灯较好。

2. 没有特殊要求，人脸尽量少打月光，即使脸上有月光，也要用软白光(副光 3200K)加以冲淡，使其形成稍偏冷色的正常人的肤色。

3. 月光是从窗外射入室内的光线，在有效拍摄区的墙上投射阴影图案时，其形状和高低要注意门窗及其他建筑物体对阴影的影响。投射在墙上的阴影光斑要清晰、均匀。

4. 月光是月球反射光线，其高度和角度造成的光影比较清晰。为了使月夜气氛逼真、可信，一般在主光灯前适当加一些遮挡物体，使月光光线分散成光斑和光条，这是较好的体现月光特点的布光技法与手段。

5. 月光暗影部反差大，光比也大。是“**低强度硬光**”。切忌用月光大面积照亮室内人物、物体及场景。

（二）雨夜

雨夜除按夜景一般要求布光之外，要另外加打雨丝光束。打雨丝光束大都采用侧逆光或逆光投射，主要是为了避免出现光柱，但也不能把雨丝打得像直线门帘或像胶片划道一样均匀，要把雨丝打出动感、真实感，使其同剧情要求一致。

1．室内体现雨夜一般都是通过门、窗来营造气氛。借助音响效果的雨点声，用人工降雨将雨点喷洒在玻璃窗上，摄像机从室内拍摄玻璃窗，我们就要从室外用侧逆光高色温镝灯来照亮窗户上的雨点，使玻璃上的水珠自上而下地流动，清晰可见。

2．又如，外面下着大雨，屋内正在开会，突然有人敲门，就在开门的一瞬间，既要看清来人又要体现出门外的大雨。除室内光线照亮进屋的人物外，还要在门外远处布一道侧逆光，将雨夜气氛体现出来。此光，可依据屋外的路灯光线，也可假设月光光线，还可设计为相邻屋内透射出来的光线。

3．假设一位母亲，夜晚冒雨打着雨伞在车站等待盼望已久的儿子到来，结果汽车到来却不见儿子踪影。老人背向镜头，我们可用光线强调突出伞顶上的雨丝和雨点。我们虽看不见老人的面部表情，但点点敲打在伞上的雨点，却反映出一个母亲渴望见到儿子的心声。

（三）雪夜

雪夜一般天体灰暗，大地一片银白色。布光时要用前侧光、顺光、散光照明来表现纷纷扬扬的雪花。雪夜在用光上和雨夜打雨丝光束正好相反，雨丝用逆光投射，雪花飘落要用正面光投射，因为雪花是用人造泡沫或其他物质造出来的，是不透明体，用正面光，雪花方显白色。如用逆光投射，雪花不但不显白色，反而会变成一个个黑点。

无论拍摄雨夜还是雪夜，大多用人工降雨和降雪。一般雨夜和雨景都要请消防车帮助人工降雨。雪花大多数采用塑料泡沫加工而成。但需要说明的是，泡沫是不透明的实体，故用顺光照明。如用雪花机进行降雪，因制作的雪花是透明体，故用侧逆光照明较好。

本章思考与练习题

1. 电视剧拍摄用光理念是什么？
2. 电视剧照明设计中遵循自然生活规律的布光技法是什么？
3. 拍摄室内日景、夜景时应如何确立主光源？
4. 为什么说假设光是写实艺术布光中的“救场光”、“灵魂光”？
5. 合理完成布光遮挡需要照明师具备哪些艺术修养？
6. 电视剧场景一次性布光法的价值观是什么？

附录

附录一：光的常用专业术语

光的术语，照明工作者在实际工作中经常遇到。术语是体现专业人员素质的基本用语，是同行之间、合作部门之间沟通时会用到的专门用语。对于在电视台工作的照明师和照明设计人员来讲，是必须掌握的专业术语。

一、光通量

光通量也叫发光通量，它是光源在单位时间内向空间发射出的能使人产生光感的辐射能通量。

它的单位是"流明"（lm），用符号F表示。

二、发光点

发射光线的光源为发光点。

三、光束

有一定关系的一些光线集合，产生的较明显的光柱称光束。

四、发光强度

光源在单位球面度内所发出的光的光通量即发光强度，它实质上是光功率的空间密度。

它的单位是坎得拉(cd)，符号为 I。

五、照度

照度是被照物体表面在单位面积上所接收的光通量，即物体表面被照亮的程度。**(指被摄体接受光线照射的强度)**

它的单位是勒克斯(LX)，符号为 E。

1 勒克斯的照度就是 1 流明的光通量均匀地分布在 1 平方米的被照面上所形成的照度。

六、亮度

亮度是物体表面发光的强度值。不论这一表面是自己发光(如灯丝)，还是反射光线，或是透射光线，只要从它表面上“发出”光来，我们就可以称它是发光的表面。单位面积的发光强度即是该物体表面的亮度(指物体表面的发光强度)。

它的单位是尼特(nt)，符号为 L。

七、发光效率

光源所发出的光通量与该光源所消耗的电功率的比值称为该光源的

发光效率,简称光源的光效。

每消耗一瓦电功率所发出的光通量(LM/W)称为发光效率,简称光效。这是评价各种电光源的一个重要指标。

附表 1–1 几种常用光源的发光效率

光　源	发光效率（LM/W）
真空白炽灯（60W 以下）	7 ~ 8
充气白炽灯（60W 以上）	10 ~ 13
卤钨灯	25 ~ 28
镝灯（金属卤化物放电灯）	70 ~ 80
氙灯	30 ~ 40

八、光质

光质分硬光和软光。

硬光:点状光源为硬光,该光源照射的物体会产生明显的阴影和投影,能很好地表现物体的立体感和质感。

软光:面状光源为软光,光源面积越大光质越软,当光源面积恒定时,距离越近光质越软,反之光质变硬。

光质与亮度无关,只受光源的面积和相对距离两个因素的影响。

九、光位

光位是指光源与被摄体之间的相对位置。光位对写实艺术照明比较重要。太阳的运转、日出日落会导致其与地平线之间的角度和照明主光位的变化,相应产生不同的照明时间和气氛效果。光位也是我们照明艺术的主要手段。

在写意艺术中光位也显得非常重要,特别是在综艺晚会与新闻布光中,光位的角度直接关系到被摄物体造型形象与画面三度空间的构成。

十、光比

光比是指被摄体的主要受光部分与非主要受光部分的照度差别。

在自然光条件下、受光部分的亮度是由太阳的直射光或漫射光及反射光形成的。

在人造光条件下,受光部分的亮度是由主光灯和辅助光灯共同形成的。

电视是 2:1 的光比。电视新闻用光有五种 :逆光、主光、副光、修饰光、背景光。如 :逆光是 2000LX,主光是 1000LX,副光是 500LX,背景光是 250LX。逆光 / 主光、主光 / 副光、副光 / 背景光都是 2:1。修饰光在光比上没有名分,它只起修修补补的作用。

十一、光比计量

1. 数值计算法 :主光加副光比副光。

2. 亮度测量法 :用亮度表以尽可能小的视觉测量,先测量被摄人物面部阳光面的亮度值,而后测量阴光面的亮度,两值相比便是光比。

3. 照度测量法 :用照度表在被摄体位置对准镜头位置,先测出阳光面的照度值,然后遮挡住主光灯对测光表的照射,测量出阴光面的照度值,两值相比便是光比。

十二、EV 值

这种方法较为直观,只需将测量出的两个 EV 值相减求出差值,2 的差值次方即为所求。

例如 :测出的阳光面 EV 为 14,阴光面 EV 为 12.5。

$14-12.5=1.5$

2 的 1.5 次方是 2.8,即光比是 1:2.8。

附录二：电的基本常识及名词解释

（一）视在功率

电路中总电压的有效值（U）与电流有效值（I）的乘积，叫做视在功率。即 $S = UI$，单位：伏安（VA）。

视在功率（S）、有效功率（P）、无功功率（Q）的关系是 $S = \sqrt{P^2+Q^2}$，它们的关系呈功率三角形。

（二）为什么变压器上以VA标输出功率的单位？

变压器标输出功率以VA为单位，因为变压器上标出的输出功率是**视在功率**。它代表可能输出的最大有功功率。为了区别于有功功率，变压器视在功率的单位用VA来表示。

提示：计算变压器的实际有功功率必须乘以一个0.9的系数。这是灯光设计者在计算容量时要关注的问题。如：某演播室专用变压器的视在功率是500VA，$500VA \times 0.9 = 450KW$，也就是说该变压器输出的最大有功功率是450KW。在设计照明所需功率时还要考虑到额定功率的余量。

（三）接地极

埋入大地以便与大地连接的导体叫接地极。

（四）磁场

磁铁周围存在有磁力作用的一种特殊物质，叫磁场。磁场有方向和强

参照刘承新：《实用电工知识》有关名词解答，四川科学技术出版社1984年版。

弱。通常规定，在磁场中任意一点，磁针北极（N 极）所指的方向就是该点的磁场方向。磁场强弱与离磁极的远近有关，也与磁体的磁性强弱有关。

（五）磁力线

在磁场中，用来形象地表示磁场强弱和方向的许多闭合曲线叫磁力线。**磁力线上任一点的切线方向**，就是该点的磁场方向；磁力线的疏密表示磁场的强弱。磁力线在描绘磁场时，有以下几个特点：

1．在磁铁外部，磁力线的方向总是从 N 极出发，回到 S 极；而在磁铁内部，磁力线则是从 S 极到 N 极。**如果两段磁铁的异性磁极靠得比较近，那么磁力线就从 N 极出发，进入靠得最近的 S 极，形成闭合回线。**如果两段磁铁的同性磁极靠得近，那么磁力线就分别形成闭合回路。

2．磁力线的条数与磁场强弱有关，磁力线的疏、密表示磁场的弱、强。

3．磁力线互不相交。

提示：我们照明人员外出拍摄常用的总电源**线盘**、**线滚**，一般都比较长，有时用电位置距离电源较近。**个别人图省事，放几圈就通电使用，此种情况下会产生不良后果。**

（六）涡流

金属导体在感应电势的作用下，产生感应电流，这种电流在金属块内自成闭合回路，如水之漩涡，故又叫它涡流。

（七）为什么电器工人带电作业常用单手操作？

电器工人带电作业时，为了保证人体安全，除必须着绝缘服装（含工作鞋）外，还常采用单手操作方法，以防人体有两处以上部位接触高压而自成高压闭合回路，危及人体生命安全。单手接触高压电，人体未构成高压回路，故没有危及人体生命安全的电流产生，所以此法经常运用于带电作业之中。

(八) 为什么电阻越并越小?

因为导体的电阻与其横截面积成反比。当电阻并联时,相当于导体的**横截面积增大**。所以电阻并联,其总电阻越并越小,且其总阻值小于并联电阻中阻值最小的一个电阻。

(九) 为什么电容器能储存电荷?

当电容器两个极板接上电源时,在电场力的作用下,电容器两个极板上可以分别带上等量异性的电荷,在两个极板间建立电场。撤去电源后,由于电容器中间是绝缘介质,这些电荷仍能储存在两个极板上而不致中和。所以电容器能储存电荷。

(十) 为什么电容器有时要串联?

工业上生产的都是标准电容器,具有固定的耐压值。电容器串联能减小电容量,**提高耐压值**,从而得到电路所需的电容数值。所以电容器有时要串联。

(十一) 为什么电容器串联其值变小?

电容器串联后,相当于加大了极板间的距离,因为**电容量与两极板间的距离成反比**,故串联电容器越多,其电容量就越小。

(十二) 为什么电容器并联其值变大?

电容器并联相当于增大了电容器极板面积,因为**电容量与电容器的极板面积成正比**,所以电容器并联其值增大。

(十三) 为什么要采用高压进行远距离送电?

因为线路上的热损耗 $Q = I^2Rt$。其中,R、t 是不易改变的,改变 I 的作用明显。但为了保持传送功率(P=IU)不变,减小I,就必须提高U。同时,I小电线也可细一些,所以高压输电的热损耗较小,低压输电的热损耗较大。因此,为了降低输电的热损耗,远距离送电必须用高压。

发电厂发出的电总是用**升压变压器**将电压升高至数千甚至数万伏,然后用高压输电线送到遥远的用户区,在接用户前,又用**降压变压器**将高压降至所需的电压,再送给用户。

(十四)为什么有时要把电源串联或并联起来使用?

因为电源串联时,可以提供较大的电压;电源并联时,可提供较大的电流。所以,若需要较大的电压,就要把电源串联起来使用;若需要较大的电流,就要把电源并联起来使用。不过,要注意,电动势相同的电源才能并联。

也可将用电器串联起来使用。

如:当今各家电视台晚会上使用的28V/250W的长光束灯就需要串联,否则瞬间灯泡就会被烧毁。因为我们使用的是220V的电压。该效果灯用低压大电流,以突出其光束强的特点。8台为一组,能创造明显扇子形强光束线条的灯光气氛。接电源时将八台灯串联,串联后的电压/功率为224V/2000W。

具体接法:通过灯上的两条高温线将灯与灯头尾相连,最后两个线头接电源即可。

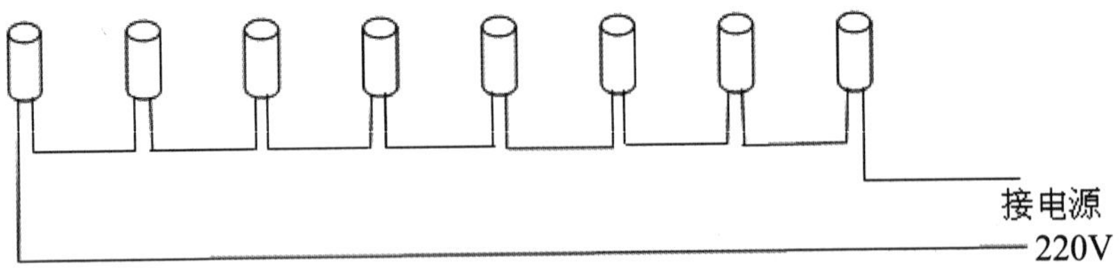

附图2-1 28V/25W光束灯串联接法

(十五)为什么导体通电后会发热?

导体通电后,自由电荷在电场力的作用下会在导体内运动,并与其分子发生碰撞，从而将一部分动能传递给导体的分子，使导体的分子能量增加。通电后的导体就是这样不断地通过自由电荷运动碰撞，获取一部分电能，因此，导体就要发热。

（十六）《中华人民共和国计量单位名称与符号方案》

量	单位名称	单位符号
长度	米	m
质量	千克	Kg
时间	秒	s
电流	安(培)	A
热力学温度	开(尔文)	K
物质的量	摩(尔)	mol
发光强度	坎(德拉)	cd

附录三：演播室灯光设备名词术语

A.1 灯具悬吊部分

A.1.1 悬吊装置：吊挂灯具的装置。

A.1.2 挂灯杆：吊挂灯具的圆管或轨道。

A.1.3 灯板：可以伸缩的挂灯杆。

A.1.4 提升装置：能升降灯具的专用小卷扬机。

A.1.5 组合吊杆：提升装置和挂灯杆组合为一体，能电动升降的装置。

A.1.6 水平吊杆：提升装置安装在灯栅架或设备层上，与挂灯杆分离，可通过四根及四根以上钢丝绳电动升降的装置。

A.1.7 垂直吊杆：提升装置安装在灯栅架或设备层上，与挂灯杆分离，并由伸缩器引导，可电动升降的装置。

A.1.8 弹簧吊杆：利用弹簧力和灯具重量的平衡关系，使灯具在空间保持所需位置的装置。

A.1.9 电动灯具吊杆：组合吊杆、水平吊杆、垂直吊杆的统称。

A.1.10 电动行车：可以水平行走的提升装置。

A.1.10.1 卧式行车：在轨道上水平行走的电动行车。

A.1.10.2 挂式行车：悬挂在轨道下水平行走的电动行车。

A.1.11 行车轨道：供电动行车水平行走和起导向作用的构件。

A.1.12 伸缩器：在灯具升降和行走过程中，起导向作用和减小摆动幅度的装置。

A.1.13 收缆板：水平吊杆和组合吊杆升降时，起固定和收、放电缆作用的构件。

A.1.14 布光控制设备：用电动遥控，使悬吊装置及灯具做机械运动的设备。包括布光控制柜（箱）、分控箱（盒）和布光控制台（箱、盒）。

A.1.15 滑轨悬吊系统：由固定轨、滑轨、滑轨小车、灯具小车、弹簧吊杆或伸缩器及灯具组成的装置。

A.1.15.1 固定轨：安装在灯栅架或顶棚下的轨道。

附录三、附录四主编单位：中国中央电视台；参加单位：广播电影电视部设计院；起草人：张敏、陈秀琼、阎洪藻。

A.1.15.2 滑轨：通过滑轨小车，在固定轨组成的水平面上自由移动的轨道。

A.1.15.3 滑轨小车：连接固定轨和滑轨的小车。

A.1.15.4 灯具小车：使灯具或弹簧吊杆（伸缩器）在固定轨上或滑轨上移动的小车。

A.2 灯具部分

A.2.1 机械灯具：可电动遥控 1 个以上机械动作的影视灯具。

A.2.2 杆控灯具：用操作杆手动控制 1 ~ 3 个机械动作的影视灯具。

A.2.3 无透镜聚光灯：灯具前部无透镜，能调节光束，使之能聚光能散光的灯具。

A.2.4 螺纹透镜聚光灯：在灯具前部装有螺纹透镜，能调节光束，使之能聚光能散光的灯具。

A.2.5 散光灯：无透镜，能产生均匀漫反射光的灯具。

A.2.6 柔光灯：光线完全通过反光面反射，足够产生反射面的灯具。

A.2.7 天幕灯：从上向下照射天幕，可按色分组排列的散光灯。

A.2.8 地排灯：从下向上投光，可照射天幕或景物的散光灯。

A.2.9 回光灯：无透镜，在灯箱后壁装有球面或抛物面反光镜，在灯前加遮光环，使直射光和反射光不产生散射的聚光灯。

A.2.10 投影幻灯：使用幻灯片，向天幕背景投射景物的灯具。

A.2.11 光束灯：能投射 5° ~ 40° 光束且光斑清晰的灯具。

A.2.12 轮廓聚光灯（造型光）：采用深椭反光镜及物镜或变焦距物镜，可投射各种不同形状的轮廓和光影的灯具。

A.2.13 追光灯：用组合镜头构成的长焦距的，光斑清晰可调，能远距离跟踪表演者的聚光灯。

A.2.14 效果器：附加在投影幻灯上，能产生特种效果（如跑云、烟火、水纹、波浪等）的装置。

A.2.15 流动灯：在地面或挑台上临时增加的普通灯具。

A.2.16 特殊灯：演区中为满足表演特殊效果要求而使用的灯具（如火、火光、闪光等）。

A.3 光线部分

A.3.1 综合光：演区布光完成后，面对摄像机的各种光的总和。

附录四：灯光系统图形符号

附表 4－1《电视演播室灯光系统设计规范》图形符号表

编号	称号	符号	规格
1	机械螺纹透镜聚光灯		～220V　10KW
			～220V　5KW
			～220V　3KW
			～220V　2KW
			～220V　1KW
			～220V　0.25～0.8KW
2	杆控螺纹透镜聚光灯		～220V　10KW
			～220V　5KW
			～220V　3KW
			～220V　2KW
			～220V　1KW
			～220V　0.25～0.8KW
3	螺纹透镜聚光灯		～220V　10KW
			～220V　5KW
			～220V　3KW
			～220V　2KW
			～220V　1KW
			～220V　0.25～0.8KW

表中所列为灯光设备主要图形符号。

4	聚光灯机械无透镜		～220V 2KW
			～220V 1KW
			～220V 0.8KW
5	聚光灯杆控无透镜		～220V 2KW
			～220V 1KW
			～220V 0.8KW
6	杆控柔光灯		～220V 4×1.25KW 4×1KW 4×0.8KW
			～220V 2×1.25KW 2×1KW 2×0.8KW
			～220V 1.25KW 1KW 0.8KW
7	柔光灯		～220V 4×1.25KW 4×1KW 4×0.8KW
			～220V 2×1.25KW 2×1KW 2×0.8KW
			～220V 1.25KW 1KW 0.8KW
8	机械回光灯		～220V 10KW
			～220V 5KW
			～220V 3KW
			～220V 2KW
			～220V 1KW
9	杆控回光灯		～220V 10KW
			～220V 5KW
			～220V 3KW
			～220V 2KW
			～220V 1KW

10	回光灯		~ 220V 10KW
			~ 220V 5KW
		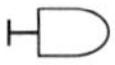	~ 220V 3KW
			~ 220V 2KW
			~ 220V 1KW
11	杆控天幕灯	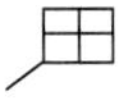	~ 220V 4×1.25KW 4×1KW 4×0.8KW
		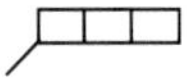	~ 220V 3×1.25KW 3×0.8KW 3×1KW
		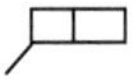	~ 220V 2×1.25KW 2×0.8KW 2×1KW
		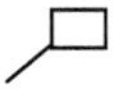	~ 220V 1.25KW 1KW 0.8KW
12	天幕灯	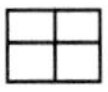	~ 220V 4×1.25KW 4×1KW 4×0.8KW
		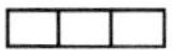	~ 220V 3×1.25KW 3×0.8KW 3×1KW
		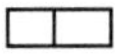	~ 220V 2×1.25KW 2×0.8KW 2×1KW
			~ 220V 1.25KW 1KW 0.8KW
13	轮廓聚光灯	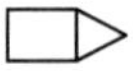	~ 220V
14	光束灯	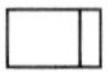	~ 220V
15	追光灯		~ 220V
16	投影幻灯		~ 220V
17	卤钨泛光灯	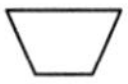	~ 220V
18	明装 单相三芯 影视接插插件		8A 16A ~ 220V 32A 63A
19	明装 单相三芯 影视接插插件		8A 16A ~ 220V 32A 63A

20	插座箱	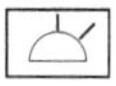	~220V 8A 16A 32A 63A
21	电动行车	□	
22	垂直吊杆	○	
23	配电柜、调光器柜、调光控制台、布光控制柜、布光控制台、配线柜、端子柜	□	
24	接线盒		
25	分控箱		
26	电动行车轨道	├──┤	
27	电动灯具吊杆	——	
28	电动布景吊杆	----	

跋：

追求灵性语言化的光魂

上世纪60年代在部队演出时就爱上了照明，舞台上梦幻般的绚丽色彩吸引了我……回到地方演《沙家浜》，更是对场上的灯光变化着迷，特别是芦苇荡的投映背景，在舞台背景白布上竟然显示出一望无边的湖光景色，真是神呆了！

1979年浙江电视台向全省招考电视演员，在众多人中我第一个被录取，后来改行时我毫不犹豫地选择了照明，开始了我梦寐以求的职业。那时候人们对照明的看法不像现在，照明又脏又累没有人愿意搞。但我仍痴心不改，在新闻部、电视剧部、广告部、技术制作部等部门，一干就是几十年。这其中，被人说过傻，弯路没少走。照明除技术外更重要的是悟性。正如《憨山诗》中所言：青山容易入，百业不难修。唯有降心法，英雄让一筹。凡事要用心去悟，感悟出的原理才是永恒的真理。后来遇到师父周化忠的点拨，我那执迷照明的心便从心底开了窍。

1989年考入北京广播学院首届照明班，经过系统的照明理论洗礼，储存在脑海里的症结终于打通，追求灵性语言化的光魂一发不可收拾：1992年，在《论电视照明艺术》论文中，我率先提出“照明视觉心理与照明语言”，文章一经发表，先后被全国五家杂志社刊登；在此文基础上又进一步完善拔高的《论影视照明视觉心理与照明语言延伸》一文，荣获1999年庆祝中华人民共和国成立五十周年大型文集《光辉的历程》征文活动一等奖……

从演员到导演，从台前到幕后，从各大节目的照明指挥到1992年拥有自己的照明影视设备公司，多少年来笔者一直在照明工作的最前沿摸爬滚打，经历过的事、坎儿和各种不同的节目数不胜数。设计、安装的工程大到机械悬吊设备，小到一颗螺丝钉，都容不得半点差错；电视台的节目又周周排满，连轴转是家常便饭。做到两不耽误，的确不易，但真历练人。实践出真知的名言在笔者身上得到验证："只有经历过反复实践的人，才能悟出其中缘由。"如今笔者又从照明的最前线走上大学讲坛，把我的所经、所见、所想毫无保留地传授给学生。教学中语言简练，通俗易懂，有根有据，易记易行，实践理论，相得益彰。

本书最大特点：系统、全面，内容广泛、前后融会贯通，章节由浅入深，形成了一个较为严密的照明系统原理与实践技法的学悟链。

本书完稿后，有意请了业内人士和学生阅读，他们产生最大共鸣的是：该书既是语言诙谐的艺术书，又是照明语言实践理论的知识书，大量的设计技巧与布光技法又像一部技术手册。内容之广，相关项目之链接，都是照明必学、必掌握的科目，就连从未接触过照明的人，翻阅后难以释手。

书中提出了新的照明观点，新的用光理念和追求灵性语言化的光魂学说，更是让读者耳目一新，许多篇幅渗透了作者多年的科研成果，单独拎出皆可成为有研究价值的论文。

一、照明视觉心理与照明语言延伸：要掌握、贯通照明艺术，首先要研究的是视觉心理学。视觉心理学实际上就是一个"悟"字，也就是"灵性"的把握。加深"悟性"是提高照明语言艺术创作的根本。

二、三点布光演变与三度布光延伸：我把它视为照明设计与布光技法的先驱、基石。明白了三点布光演变与三度布光延伸的原理，你就会很容易地设计各种演播室的照明布局。

三、色光家谱生态原理学说：对照六角色标光谱图清晰地发现，当补色光身份改变后，它们的排列顺序随之而变，看一看三个色光由于身份变化，随之它们的位置也相应前后变化。原因很简单，就是为了准确地与三原色光顺序对位，行使它们职能的权力。对照六角色标光谱图一览无余！三种色光身份集中排列如下：**补色——黄、青、品；互补色——青、品、黄；染料三**

基色——黄、品、青。这三种公式是学习色光最容易搞混的症结。把色光比喻为家族,把色光家族比喻成祖孙三代,也是本书一大亮点,目的是增加读者的阅读兴趣,便于其领悟其中的哲理。原色与原色相加生成补色;原色与补色相加生成间色。原色为1代,补色为2代,间色为3代。当然这只是一种比喻。实际上色光家族是很有趣的自然科学。一旦掌握了色光家族的生成原理,其乐无穷。

四、演播室灯光工程设计:也是本书具有很高价值的一大特点,这是在众多灯光书籍中,难以渴求的珍贵技术知识,书中讲解了各种电视演播室灯光工程设计与布光技法,开启了灯光工程的方便之门。

五、大型综艺晚会灯光设计:工艺流程与布光编程、操控与指挥。把跳跃的灯光看成是光的音乐,把灯光切入点、转换点、起光点、切光点、阶梯点,看成是照明语言发言、呐喊的时机。书中提出了晚会用光的新观点和新的配光理念。

六、电视剧场景一次性布光法:本人通过多年对电视剧和综艺晚会的布光实践,选取地面与吊挂灯光的特点,取长补短,综合利用,创立"**电视剧场景一次性布光法**"。其主要布光理念是:一场景的主要照明光线,一次性完成(对实景和棚内搭景而言)。无论场景中用一台摄像机还是多台摄像机拍摄,均不会造成灯具穿帮和照明光线不统一的现象,而且大大提高拍摄进度,节约电视剧制作成本。

本人初衷,立志弘扬照明艺术,传承照明语言与技法,提出实践心得与广大读者交流。不足之处,请提出善意指正,不胜感激。

雷兆云